# 快速检测技术

# 在食品安全管理中的应用

主编 石 松 石 磊

中国医药科技出版社

# 内 容 提 要

本书通过对新《食品安全法》的解读，对目前食品中常见安全问题地分析，阐述了食品安全快速检测的重要性，介绍了食品安全快速检测技术的理论方法与实践操作，旨在帮助与食品安全相关的政府执法部门和企业在选择快检技术、筹建快检实验室、建立检测监管体系等方面提供指导与帮助。

**图书在版编目（CIP）数据**

快速检测技术在食品安全管理中的应用 / 石松，石磊主编 . — 北京：中国医药科技出版社，2016.7
ISBN 978-7-5067-8545-7

Ⅰ. ①快… Ⅱ. ①石… ②石… Ⅲ. ①食品检验 Ⅳ. ① TS207

中国版本图书馆 CIP 数据核字（2016）第 140563 号

**美术编辑** 陈君杞
**版式设计** 张 璐

出版 中国医药科技出版社
地址 北京市海淀区文慧园北路甲 22 号
邮编 100082
电话 发行：010 - 62227427 邮购：010 - 62236938
网址 www.cmstp.com
规格 710 × 1000mm $\frac{1}{16}$
印张 11 $\frac{3}{4}$
字数 140 千字
版次 2016 年 7 月第 1 版
印次 2017 年 8 月第 2 次印刷
印刷 三河市双峰印刷装订有限公司
经销 全国各地新华书店
书号 ISBN 978-7-5067-8545-7
定价 **35.00 元**

# 编 委 会

主　　审　高志贤

主　　编　石　松　石　磊

副 主 编　李　涛　苏新国　刘　峰　戴昌芳

编　　委　（以姓氏汉语拼音为序）

　　　　　陈松海　陈建芳　付敏杰　洪　红

　　　　　黄毕元　黄伟雄　李　翔　林　芳

　　　　　石安奇　宋朝颖　王莹莹　谢俊平

　　　　　杨耐钦　张　艳　赵亚萍　朱振宇

作者单位　中国仪器仪表行业协会食品安全快检专业委员会

　　　　　广东省食品安全学会

　　　　　暨南大学食品安全与营养研究院

　　　　　军事医学科学院卫生学环境医学研究所

　　　　　中国检验检疫科学研究院

　　　　　陕西省食品药品检验所

　　　　　广东食品药品职业学院

　　　　　宁夏回族自治区药品检验所

　　　　　广州市食品检验所

　　　　　广东省疾病预防控制中心

　　　　　湖北省食品药品监督检验研究院

　　　　　中山大学达安基因股份有限公司

　　　　　广东达元绿洲食品安全科技股份有限公司

# 钟南山院士序

记得 2009 年参加全国药品打假论坛，看到广东省药品检验所创新研发的药品、保健品、化妆品快速检测技术，能够在几分钟内准确检测出是否有非法添加的有毒有害物质，既快速方便，又简单实用。中成药保健品中非法添加西药是我一直关注的问题，便委托他们对中成药保健品中非法添加西药的情况进行了市场调研并提供了相关数据，在充分掌握科学数据的基础上，专门做了一个全国两会的提案，希望有关部门加以重视并加强监管。后来得知这些快速检测技术进行了产业化和市场推广，取得了一定的成绩，感到很欣慰。

食品安全是各级政府和老百姓都非常关心的热点问题，科技和法制是有效解决食品安全问题的两大利器和基础。所谓科技就是发展创新好的适合国情的各种食品检测技术和方法，其中快速检测技术具有检测速度快、操作简单、成本较低、适合基层现场使用等特点，是政府监管和企业自检中非常重要、无可替代的技术支撑体系之一。

新食品安全法已经颁布了，快速检测技术和方法实现了由原来只能进行初步筛选到目前拥有明确的法律地位的转变，采用国家规定的快速检测方法可以对食用农产品进行抽样检测和执法。随着新食品安全法的实施，快速检测技术和方法将会得到更加广泛的应用。

广东省食品安全学会抓住时机，组织国内的专家学者针对快速检测技术方法在食品检测和执法中的应用编写了本书，较为系统地介绍了快速检测技术的现状和发展，较为务实地解决了应用过程中可能出现的常见问题，较为详尽地阐述了技术支撑体系的建设和管理，是一本有价值、可参考的好书，特推荐给大家。

2015 年 9 月

# 前　　言

　　近些年，中国的食品安全问题持续排在民众最关心民生问题的前三位，甚至在国际上也造成了一定的负面影响。在党和政府的高度重视下，各级政府的食品安全监管工作在持续地加强。食品检测技术是食品安全监管工作的重要技术支撑，而快速检测技术与常规实验室检测应互相配合，缺一不可。

　　食品安全快速检测技术（简称"快检技术"）相对于通常的实验室技术，具有检测时间短、操作简便、检测成本低的特点，适用于基层执法单位大面积筛选和企业的自检。新的食品安全法对快检技术做了明确的规定，为快检技术的进一步发展和更广泛的应用指明了方向。

　　快检行业近些年发展迅速，但也存在着很多问题。企业的规模和研发的投入高低不一，行业的竞争激烈而无序。政府的基层执法部门和企业在选择和使用快检产品的过程中也有很多疑虑和疑问，如：快检技术能否应用于基层执法？如何选择合适的快检技术？如何建一个经济且实用的快检室？快检能否外包等等问题。

　　中国仪器仪表行业协会食品安全快检专业委员会和广东省食品安全协会组织与快检技术及产品相关的研究机构、企业、政府部门中的专家，对快检技术从宏观到具体、从理论到实用进行了多层次多角度的阐述，旨在帮助与食品安全相关的政府执法部门和企业在选择快检技术、筹建快检室、建立检测监管体系等方面提供指导和帮助。

　　由于快检技术的庞杂、快检行业的迅速发展及我们自身水平的局限，本书必然存在诸多不足，敬请广大读者谅解并提供宝贵的意见和建议。

编　者

2016 年 5 月

# 目　录

第一章　新《食品安全法》解读……………………………………1

第一节　通过构建八个制度来确保食品安全法的严格性 …………2

第二节　强化地方政府的属地管理职责 ……………………………4

一、县级以上人民政府将食品安全工作纳入到国民经济和社会发展
规划 ……………………………………………………………4

二、实行食品安全管理责任制 ……………………………………4

三、强化对小作坊、食品摊贩等监管 ……………………………4

四、强化责任追究 …………………………………………………4

第三节　体现重典治乱理念 …………………………………………5

一、强化食品安全刑事责任追究 …………………………………5

二、大幅提高行政罚款额度 ………………………………………5

三、重复违法行为增设处罚的规定 ………………………………5

四、对非法提供场所的行为增设了处罚 …………………………6

五、强化民事法律责任的追究 ……………………………………6

第四节　强化食品生产经营者主体责任 ……………………………6

一、规定食品生产经营者是食品安全第一责任人 ………………6

二、强化食品生产经营企业追溯义务 ……………………………7

三、明确食品生产经营者的自查义务 ……………………………… 7

四、强化网络食品交易第三方平台提供者的义务 ………………… 7

第五节　完善食品安全社会共治 …………………………………… 7

一、完善食品安全有奖举报制度 …………………………………… 7

二、强化虚假发布食品安全信息的法律责任 ……………………… 8

三、完善食品安全信息发布制度 …………………………………… 8

四、充分发挥行业协会自律监督作用 ……………………………… 8

五、强化社会公众监督，完善违法行为信息公开和通报制度 …… 8

六、强化食品安全技术机构的法律责任 …………………………… 9

第六节　食用农产品批发市场为检测监控的重点 ………………… 9

第七节　信息技术助力食品安全监管 ……………………………… 9

第八节　快检的执法地位得到重视和确认 ………………………… 10


第二章　食品安全快速检测方法评价技术进展 …………………… 12

第一节　食品快速检测方法定义及评价的背景 …………………… 12

第二节　国外组织和机构制定的快检方法评价标准和规范 ……… 14

第三节　国内组织和机构关于食品快检方法评价情况 …………… 17

第四节　关于食品快速检测方法评价的展望 ……………………… 21


第三章　食品中常见的安全问题 …………………………………… 24

第一节　粮食及粮食制品 …………………………………………… 24

一、生物毒素 ………………………………………………………… 24

二、重金属 …………………………………………………………… 25

三、农药残留 ………………………………………………………… 25

四、非法添加 ………………………………………………………… 26

第二节　食用油、油脂及其制品 …………………………………… 28

一、黄曲霉毒素 B$_1$ ………………………………………………… 28

二、"地沟油" ……………………………………………………… 29

三、酸价、过氧化值 ……………………………………………… 30

四、苯并芘 ………………………………………………………… 30

第三节　肉及肉制品 ……………………………………………… 31

一、兽药残留 ……………………………………………………… 31

二、挥发性盐基氮 ………………………………………………… 33

三、合成着色剂 …………………………………………………… 33

四、微生物 ………………………………………………………… 33

五、动物源性成分鉴定 …………………………………………… 34

第四节　蛋及蛋制品 ……………………………………………… 34

一、重金属 ………………………………………………………… 34

二、微生物 ………………………………………………………… 34

三、兽药残留 ……………………………………………………… 34

第五节　蔬菜及其制品 …………………………………………… 35

一、农药残留 ……………………………………………………… 35

二、甜味剂 ………………………………………………………… 35

三、防腐剂 ………………………………………………………… 35

四、人工合成着色剂 ……………………………………………… 36

第六节　水果及其制品 …………………………………………… 36

第七节　水产品及水产制品 ……………………………………… 36

一、药物残留 ……………………………………………………… 36

二、微生物 ………………………………………………………… 37

三、重金属 ………………………………………………………… 37

第八节　饮料 ……………………………………………………… 37

第九节　调味品 …………………………………………………… 38

一、重金属 ················································ 38

二、微生物 ················································ 38

第十节 食糖 ················································ 39

第十一节 酒类 ············································ 39

一、塑化剂 ················································ 39

二、酒精度 ················································ 39

第十二节 焙烤食品 ······································ 40

一、微生物 ················································ 40

二、食品添加剂 ·········································· 40

第十三节 茶叶及相关制品 ···························· 41

一、重金属 ················································ 41

二、农药残留 ············································· 41

第十四节 薯类及膨化食品 ···························· 41

第十五节 糖果及可可制品 ···························· 42

第十六节 炒货食品及坚果制品 ····················· 42

第十七节 豆类及其制品 ································ 42

第十八节 蜂产品 ········································· 43

一、微生物 ················································ 43

二、蜂蜜掺假 ············································· 43

第十九节 冷冻饮品 ······································ 44

一、甜味剂 ················································ 44

二、着色剂 ················································ 44

三、微生物 ················································ 44

第二十节 乳制品 ········································· 45

一、黄曲霉毒素 $M_1$ ································· 45

二、抗生素类 ············································· 45

　　三、三聚氰胺 ……………………………………………………………… 46

　　四、微生物 …………………………………………………………………… 46

第二十一节　特殊膳食食品 …………………………………………………… 46

第二十二节　食品添加剂 ……………………………………………………… 47

　　一、铝 ………………………………………………………………………… 47

　　二、重金属 …………………………………………………………………… 47

　　三、防腐剂 …………………………………………………………………… 47

　　四、甜味剂 …………………………………………………………………… 48

　　五、着色剂 …………………………………………………………………… 50

第二十三节　餐饮食品 ………………………………………………………… 50

　　一、微生物 …………………………………………………………………… 51

　　二、合成着色剂 ……………………………………………………………… 51

第四章　快速检测技术综述 ………………………………………… 52

第一节　化学比色技术 ………………………………………………………… 53

　　一、快速检测试剂 …………………………………………………………… 53

　　二、快速检测试纸 …………………………………………………………… 54

　　三、配套检测仪器 …………………………………………………………… 54

第二节　免疫学检测技术 ……………………………………………………… 55

　　一、胶体金免疫层析技术 …………………………………………………… 55

　　二、酶联免疫吸附技术 ……………………………………………………… 57

　　三、免疫磁珠技术 …………………………………………………………… 58

第三节　生物酶检测技术 ……………………………………………………… 58

　　一、生物酶显色技术 ………………………………………………………… 59

　　二、生物酶抑制技术 ………………………………………………………… 60

　　三、ATP 生物发光检测技术 ………………………………………………… 61

第四节 电化学分析技术 ┈┈┈┈┈┈┈┈┈┈┈┈┈┈┈┈┈ 62

第五节 分子生物学检测技术 ┈┈┈┈┈┈┈┈┈┈┈┈┈ 63

一、荧光定量 PCR 技术 ┈┈┈┈┈┈┈┈┈┈┈┈┈┈┈ 63

二、环介导等温扩增技术（LAMP）┈┈┈┈┈┈┈┈ 64

三、实时荧光核酸恒温扩增（SAT）技术 ┈┈┈┈ 65

四、生物芯片技术 ┈┈┈┈┈┈┈┈┈┈┈┈┈┈┈┈┈┈ 65

第六节 生物传感技术 ┈┈┈┈┈┈┈┈┈┈┈┈┈┈┈┈┈ 66

第七节 光谱检测技术 ┈┈┈┈┈┈┈┈┈┈┈┈┈┈┈┈┈ 67

一、近红外光谱技术 ┈┈┈┈┈┈┈┈┈┈┈┈┈┈┈┈ 67

二、拉曼光谱分析技术 ┈┈┈┈┈┈┈┈┈┈┈┈┈┈┈ 68

三、X 射线荧光光谱技术 ┈┈┈┈┈┈┈┈┈┈┈┈┈┈ 68

第八节 物理检测技术 ┈┈┈┈┈┈┈┈┈┈┈┈┈┈┈┈┈ 69

一、酒精计 ┈┈┈┈┈┈┈┈┈┈┈┈┈┈┈┈┈┈┈┈┈┈ 69

二、糖度计 ┈┈┈┈┈┈┈┈┈┈┈┈┈┈┈┈┈┈┈┈┈┈ 70

第九节 其他检测技术 ┈┈┈┈┈┈┈┈┈┈┈┈┈┈┈┈┈ 70

一、微生物检测系统 ┈┈┈┈┈┈┈┈┈┈┈┈┈┈┈┈ 71

二、便携式色谱质谱联用技术 ┈┈┈┈┈┈┈┈┈┈ 71

三、便携式气相色谱仪 ┈┈┈┈┈┈┈┈┈┈┈┈┈┈┈ 72

四、离子迁移谱技术 ┈┈┈┈┈┈┈┈┈┈┈┈┈┈┈┈ 72

第十节 展望 ┈┈┈┈┈┈┈┈┈┈┈┈┈┈┈┈┈┈┈┈┈┈┈ 73

第五章 快检技术的选择和应用 ┈┈┈┈┈┈┈┈┈┈┈┈ 78

第一节 快检产品现状 ┈┈┈┈┈┈┈┈┈┈┈┈┈┈┈┈┈ 78

第二节 选择快检产品的误区 ┈┈┈┈┈┈┈┈┈┈┈┈┈ 79

一、追求单一产品全能 ┈┈┈┈┈┈┈┈┈┈┈┈┈┈┈ 79

二、忽视仪器的实用性 ┈┈┈┈┈┈┈┈┈┈┈┈┈┈┈ 79

三、盲目追求高大上 ……………………………………………… 80

四、忽视产品检出限 ……………………………………………… 80

第三节　快检技术的选择 ………………………………………… 80

一、农药残留快速检测技术 ……………………………………… 80

二、药物残留快速检测技术 ……………………………………… 82

三、添加剂及非食用物质快速检测技术 ………………………… 82

四、微生物快速检测技术 ………………………………………… 83

五、重金属快速检测技术 ………………………………………… 86

第六章　食用农产品批发市场检测室建设与运营 ……………… 91

第一节　检测室建设的基本要求 ………………………………… 92

一、场地 …………………………………………………………… 92

二、装修及基本设施 ……………………………………………… 92

第二节　管理规范 ………………………………………………… 92

第三节　检测设备配置 …………………………………………… 93

一、检测设备及项目 ……………………………………………… 94

二、检测配套设备、配件及耗材 ………………………………… 94

第四节　抽检要求 ………………………………………………… 95

第五节　检测结果处理 …………………………………………… 95

第六节　检测室其他要求 ………………………………………… 96

第七节　相关检测流程 …………………………………………… 96

一、蔬菜水果检测流程图 ………………………………………… 96

二、畜禽检疫检验流程图 ………………………………………… 97

三、批发市场家禽品质检疫检验流程图 ………………………… 98

四、批发市场水产品检验流程图 ………………………………… 99

第八节　对食用农产品批发市场的监管 ………………………… 99

## 第七章　快速检测人员上岗培训 ········· 102

### 第一节　定义 ········· 102

### 第二节　基本条件 ········· 102

### 第三节　分类及工作职责 ········· 103

一、政府基层监管单位快速检测人员工作职责 ········· 103

二、食品生产经营单位快速检测人员工作职责 ········· 103

### 第四节　快速检测人员的培训 ········· 104

一、基本要求 ········· 104

二、技能要求 ········· 105

三、考核权重表 ········· 107

### 第五节　快检人员的管理 ········· 108

## 第八章　快检车的购置、使用和管理 ········· 110

### 第一节　大型、宽大空间检测车的选购与改装要求 ········· 110

一、检测车特点 ········· 110

二、车型与预算 ········· 111

三、可参考车辆技术指标 ········· 111

四、车辆改装要求 ········· 111

### 第二节　中型、舒适型检测车的选购与改装要求 ········· 115

一、检测车特点 ········· 115

二、车型与预算 ········· 115

三、可参考车辆技术指标 ········· 115

四、车辆改装要求 ········· 116

### 第三节　小型、紧凑型检测车的选购与改装要求 ········· 118

一、检测车特点 ········· 118

二、车型与预算 ········· 119

三、可参考车辆技术指标 ……………………………… 119

四、车辆改装要求 ……………………………………… 119

第四节　车载设备配置 ……………………………………… 122

第五节　车辆的使用与管理 ………………………………… 125

第九章　快检技术在检测与执法中常见问题 …………… 128

第一节　检测环节常见问题 ………………………………… 128

第二节　执法环节常见问题 ………………………………… 137

第十章　快检服务外包模式的研究与探讨 …………… 141

第一节　快检服务外包的社会环境 ………………………… 141

第二节　选择快检服务外包的现实意义 …………………… 142

第三节　如何选择快检第三方机构 ………………………… 143

第四节　快检外包服务的模式 ……………………………… 145

一、针对政府各级监管部门 ………………………… 145

二、针对企业（生产、流通、餐饮等领域）………… 146

第五节　案例分享 …………………………………………… 147

一、广州某区食药监管部门 ………………………… 147

二、天津新区食品药品监管部门 …………………… 148

三、广州科学城某高新企业 ………………………… 148

第十一章　信息技术在食品监管中的应用 …………… 149

第一节　信息化建设必要性 ………………………………… 149

第二节　软件系统功能介绍 ………………………………… 150

一、工作站系统 ……………………………………… 152

二、移动执法终端（手机 APP）…………………… 154

三、视频监控系统 ···································· 157

四、监管平台 ······································· 158

第三节　软件系统在快检过程中应用 ············· 162

一、软件系统快检应用总体结构 ··············· 162

二、快检仪器与工作站系统的连接 ············· 164

三、软件系统快检应用操作流程 ··············· 165

第四节　软件应用达到的效果 ················· 166

一、监管效率得到提高 ······················· 166

二、规范监管执法行为 ······················· 167

三、减少食品安全风险 ······················· 167

四、监管信息共享 ··························· 167

# 第一章 新《食品安全法》解读

2015 年 4 月 24 日，十二届全国人大常委会第十四次会议举行了闭幕会。会议以 160 票赞成、1 票反对、3 票弃权，表决通过了新修订的《中华人民共和国食品安全法》。2015 年 10 月 1 日正式实施新的《食品安全法》，得到了广大消费者、食品行业、食品安全检测行业、各级政府相关执法部门的高度关注和热议。

习近平总书记对食品安全工作高度重视，在 2016 年 1 月 29 日在国务院食品安全委员会全体会议中对食品安全工作作出重要指示强调：确保食品安全是民生工程、民心工程，是各级党委、政府义不容辞之责。近年来，各相关部门做了大量工作，取得了积极成效。当前，我国食品安全形势依然严峻，人民群众热切期盼吃得更放心、吃得更健康。2016 年是"十三五"开局之年，要牢固树立以人民为中心的发展理念，坚持党政同责、标本兼治，加强统筹协调，加快完善统一权威的监管体制和制度，落实"四个最严"的要求，切实保障人民群众"舌尖上的安全"。

加强食品药品安全监管，采用"四个最严"，即用最严谨的标准、最严格的监管、最严厉的处罚、最严肃的问责，加快建立科学完善的食品药品安全治理体系，坚持产管并重，严把从农田到餐桌、从实验室到医院的每一道防线。各级党委和政府要切实承担起"促一方发展、保一方平安"的政治责任。把基层作为公共安全的主战场，坚持重心下移、力量下沉、保障下倾，实现城乡安全监管执法和综合治理网格化、一体化。坚持结合群众观点贴近群众路线，拓展人民群众参与公共安全治理的有效途径。同时把公共安全教育纳入国民教育和精神文明建设体系，加强安全公益宣传，健全公共安全社会心理干预体系，积极引导社会舆论和公众情绪，动员全社会的力量来维护公共安全。

2016 年中央一号文件首次将实施食品安全上升到战略层次。文件强调加快完善食品安全国家标准，到 2020 年农兽药残留限量指标基本与国际食品法典标准接轨。加强产地环境保护和源头治理，实行严格的农业投入品使用管理制度。推广高效低毒低残留农药，实施兽用抗菌药治理行动。创建优质农产品和食品品牌。加快健全从农田到餐桌的农产品质量和食品安全监管体系，建立全程可追溯、互联共享的信息平台，加强标准体系建设，健全风险监测评估和检验检测体系。实施食品安全创新工程。加强基层监管机构能力建设，培育职业化检查员，扩大抽检覆盖面，加强日常检查。深入开展食品安全城市和农产品质量安全县创建，开展农村食品安全治理行动。强化食品安全责任制，把保障农产品质量和食品安全作为衡量党政领导班子政绩的重要考核指标。

李克强、张高丽、汪洋等党和国家领导人在多次全国食品安全工作会议上，对加强食品安全工作、贯彻落实新《食品安全法》、健全风险监测评估和检验检测体系等作出重要讲话。

新《食品安全法》承载着中央的厚望和人民的期待。新《食品安全法》在原有法律法规上有哪些创新？从哪些方面来保障民众"舌尖上的安全"？我们将通过不同的角度和层面进行解读。

## 第一节　通过构建八个制度来确保食品安全法的严格性

（1）完善统一权威的食品安全监管机构，由分段监管变成食药监部门统一监管（农产品生产环节仍由农业部门监管）。改变了过去多头监管，职责不清的状况。

（2）对食品原料种养殖、生产、经营等各个环节，建立全过程最严格的监管制度，包含食品原料品质、生产过程、销售方式的管理制度，进行了细化和完善。强调食品生产经营者的主体责任和执法检测部门的监管责任。

（3）对食品安全风险监测、风险评估制度进行完善，增设了责任约谈、风险分级管理等重点制度，重在防患于未然，消除隐患。

（4）实行食品安全社会共治，充分发挥包括媒体、广大消费者对食品安全共同关注督促，形成整个社会有序参与、共治的格局。

（5）突出对特殊食品的严格监管，比如保健食品、特殊医学用途配方食品、婴幼儿配方食品。严防因特殊食品问题而引发的个体危害及严重社会影响。

（6）加强对农药管理。食用农产品是食品安全的源头，农药的管理对于保障食品安全至关重要。在农药管理方面，新《食品安全法》做了有针对性规定：强调对农药使用实行严格的监管，加快淘汰剧毒、高毒、高残留农药，推动替代产品的研发应用，鼓励使用高效低毒低残留的农药；特别强调剧毒、高毒农药不得用于瓜果、蔬菜、茶叶、中草药材等国家规定的农作物；并对违法使用剧毒、高毒农药的，增加由公安机关予以拘留处罚的手段。

（7）加强食用农产品的管理，将食用农产品的市场销售纳入新食品安全法的调整范围，对批发市场抽查检验、进货查验记录制度等进行了完善。

（8）建立最严格的法律责任制度，通过法律制度的完善，进一步加大违法者的违法成本，加大对食品安全违法行为的惩处力度。

# 第二节 强化地方政府的属地管理职责

## 一、县级以上人民政府将食品安全工作纳入到国民经济和社会发展规划

将食品安全工作经费列入本级政府财政预算，加强食品安全监督管理能力建设，提供人员、资金和装备，保障执法部门提升食品安全监管的能力。

## 二、实行食品安全管理责任制

新《食品安全法》要求上级人民政府对下级人民政府和本级的食品安全监管部门要针对性评议和考核。

## 三、强化对小作坊、食品摊贩等监管

新《食品安全法》要求地方制定食品生产加工小作坊和食品摊贩具体管理办法。明确要求国家机关对专项做出配套规定，相关机构在法律实施一年内做出规定。新《食品安全法》从 2015 年 10 月 1 日实施，在 2016 年 10 月 1 日前，各省、自治区、直辖市必须制定并出台《小加工作坊和小摊贩具体的管理办法》。

## 四、强化责任追究

新《食品安全法》强化地方政府对食品安全责任追究，对不依法报告、处置食品安全事故，本行政区域内食品安全问题未及时整治，未建立食品安全监管和信息共享机制等情形，设定相应行政处分责任条款。

# 第三节　体现重典治乱理念

## 一、强化食品安全刑事责任追究

新《食品安全法》对违法行为查处进行改革。要求执法部门对违法行为进行判断，如果构成犯罪，交由公安部门进行侦查，追究刑事责任。不构成刑事犯罪，由行政执法部门做行政处罚。充分体现新《食品安全法》最严厉的处罚原则，回应了社会公众密切关注的问题。

新《食品安全法》增加两条规定：

（1）强化对违法犯罪分子惩处的力度，因食品安全犯罪被判处有期徒刑以上刑罚者，终身不得从事食品生产经营管理工作。

（2）强化行政法律责任的追究。新《食品安全法》对于违法添加非食用物质、经营病死畜禽、使用剧毒、高毒农药等屡禁不止等严重违法行为，增加行政拘留处罚。

## 二、大幅提高行政罚款额度

新《食品安全法》对违法行为处罚额度大幅度提高。生产经营非法添加药品、营养成分不符合国家标准婴幼儿配方乳粉等违法行为，此前食品安全法规定，最高可处罚货值金额 10 倍罚款，新《食品安全法》规定最高可处罚货值 30 倍。

## 三、重复违法行为增设处罚的规定

针对多次、重复被罚而不改正者，新《食品安全法》增设了法律责任，食品药品监管部门对一年内累计三次因违法受到罚款、警告等行政处罚的食品生产经营者给予责令停产停业直至吊销许可证的处罚。

## 四、对非法提供场所的行为增设了处罚

为了加强源头监管、全程监管，对明知从事无证生产经营或者从事非法添加非食用物质等违法行为，仍然为其提供生产经营场所的行为，食品药品监管部门也要对其进行处罚。

## 五、强化民事法律责任的追究

增设消费者赔偿首负责任制。新《食品安全法》强化消费者权益的保护，要求食品生产和经营者接到消费者的赔偿请求以后，应实行首负责任制，先行赔付，不得推诿。完善惩罚性的赔偿制度，在现行的食品安全法实行10倍价款惩罚性的赔偿基础上，增设消费者可以要求支付3倍于损失的赔偿金惩罚性赔偿。强化民事连带责任，新《食品安全法》对集中交易市场的开办者规定连带责任的基础上，对网络交易第三方平台提供者未能履行法定义务，食品检验机构出具虚假检验报告，认证机构出具虚假的论证结论，使消费者合法权益受到损害的，也要求与生产经营者承担连带责任。强化编造散布虚假食品安全信息的民事责任，新《食品安全法》增加条款，要求编造、散布虚假食品安全信息的媒体承担赔偿责任。

# 第四节  强化食品生产经营者主体责任

## 一、规定食品生产经营者是食品安全第一责任人

在总则部分明确："食品生产经营者是食品安全第一责任人，对其生产经营活动承担管理责任，对其生产经营的食品承担安全责任，对其生产经营的食品造成的人身、财产或者其他损害承担赔偿责任，对社会造成严

重危害的，依法承担其他法律责任"。

## 二、强化食品生产经营企业追溯义务

国家建立食品全程追溯制度。国务院食品药品监督管理部门会同国务院农业行政等有关部门建立食品和食用农产品全程追溯协作机制。

## 三、明确食品生产经营者的自查义务

食品生产经营者应建立食品安全自查制度，定期对本单位食品安全状况进行检查评价。生产经营条件发生变化，不符合食品生产经营要求的，食品生产经营者应当立即采取整改措施；有发生食品安全事故潜在风险的，应立即停止食品生产经营活动，并向所在地县级人民政府食品药品监督管理部门报告。

## 四、强化网络食品交易第三方平台提供者的义务

新《食品安全法》规定：网络食品交易第三方平台提供者应当对入网食品经营者进行实名登记，明确入网食品经营者的食品安全管理责任；依法应取得食品生产经营许可证的，还应审查其许可证。

# 第五节　完善食品安全社会共治

## 一、完善食品安全有奖举报制度

有关部门应当对举报人的相关信息予以保密，保护举报人的合法权益。举报人举报所在企业的，该企业不得以解除、变更劳动合同或者其他方式对举报人进行打击报复。

## 二、强化虚假发布食品安全信息的法律责任

（1）编造、散布食品安全虚假信息，构成违反治安管理行为的，由公安机关依法给予治安管理处罚。

（2）编造、散布食品安全虚假信息，或者发布未经核实的食品安全信息，使食品生产经营者、消费者的合法权益受到损害的，依法承担民事责任。

（3）媒体编造、散布食品安全虚假信息，使公民、法人或者其他组织的合法权益受到损害的，依法承担消除影响、恢复名誉、赔偿损失、赔礼道歉等民事责任和其他相应的法律责任。

## 三、完善食品安全信息发布制度

新《食品安全法》明确规定：国家食品安全总体情况、食品安全风险警示信息、重大食品安全事故及其调查处理信息等由国务院食品药品监督管理部门统一公布信息。

## 四、充分发挥行业协会自律监督作用

明确行业协会在食品安全风险交流中的地位和作用；明确食品安全国家标准审评委员会应包括食品行业协会、消费者协会的代表；在标准执行过程中，食品行业协会发现食品安全标准存在问题的，应立即向卫生部门报告。

## 五、强化社会公众监督，完善违法行为信息公开和通报制度

食品药品监督管理部门应会同农业行政、质量监督部门建立食品安全违法行为信息库，记录食品生产经营者的违法行为信息，向社会公布并予以实时更新；对违法行为情节严重的食品生产经营者，可以通报主管部门、证券监督管理机构以及有关的金融机构。

## 六、强化食品安全技术机构的法律责任

新《食品安全法》明确监测评估技术机构责任：承担食品安全风险监测、风险评估工作的技术机构出具虚假监测、评估报告的，依法对技术机构直接负责的主管人员和技术人员给予降低岗位等级或者撤职、开除处分；有职业资格的，由授予其资格的主管部门吊销职业证书。

# 第六节　食用农产品批发市场为检测监控的重点

食用农产品批发市场是一个城市食用农产品的主要入口，食用农产品进入农批市场，其安全监管工作由食品药品监督管理部门负责。

以香港为例，香港的食用农产品是由内地供应的，而香港食用农产品的安全度高是得到公认的，关键就在于香港做好了供港农产品的入关检测。内地大中城市的食用农产品大部分也是外地供应的。所以抓好农产品批发市场的检测和监控要从源头控管，这是保障人民餐桌安全的第一道防线。

新《食品安全法》第六十四条：食用农产品批发市场应配备检验设备和检验人员或委托符合本法的食品检验机构，对进入该批发市场销售的食用农产品进行抽样检测；发现不符合食品安全标准的，应要求销售者立即停止销售，并向食品药品监督管理部门报告。

# 第七节　信息技术助力食品安全监管

新《食品安全法》第四十二条：国务院食品药品监督管理部门会同国务院农业行政等有关部门建立食品安全全程追溯协作机制。

食品生产经营者应当依照本法的规定，建立食品安全追溯体系，保证

食品安全的可追溯性。国家鼓励食品生产经营者采用信息化手段采集、留存生产经营信息，建立食品安全追溯系统。

中国农产品、食品的生产、流通、消费都面临体量极大、分布广泛的问题，食药监和农业部门在监管中普遍面临人员编制不足，管理手段落后的问题。从而使得基于信息技术的食品安全追溯体系的建立变得十分重要，它可以从生产到流通到消费建立一条公开、透明的信息渠道，让问题的出现点清楚呈现，让违法犯罪分子无所遁形。

食品安全追溯体系的建立，让市场形成良性的竞争氛围：致力于食品安全的企业及其产品能够得到消费者的认可，食品安全得不到保证的企业甚至故意违反食品安全规定的企业会受到应有的处罚并将被市场淘汰。

目前的食品安全检测尤其是食品安全快检技术已具备同食品安全追溯体系连接的技术基础，检测数据自动上传将降低人为判读误差及故意瞒报乱报的可能。物联网的概念也将在食品安全监管领域得到最大程度的应用。

## 第八节　快检的执法地位得到重视和确认

食品安全检测是食品安全管理的重要技术支撑，在目前中国加强食品安全管理的形势下，快检产品以其价格低廉、操作简便、检测快速的优点在大范围高频次快速筛选中起着不可替代的重要作用。

但一直以来快检的地位有点尴尬，由于快检技术同实验室常规方法比，在结果的准确性方面会有一定的偏差，快检结果也不能用在执法依据，所以执法单位对于快检技术的产品的应用犹豫不决。而快检设备和试剂的研发生产企业由于快检技术的地位不确定，也难以真正放开在快检技术上的投入。

新《食品安全法》第一百一十二条："县级以上人民政府食品药品监督管理部门在食品安全监督管理工作中可以采用国家规定的快速检测方法

对食品进行抽查检测。"明确快检在食品安全抽检中的地位。

新《食品安全法》第八十八条:"采用国家规定的快速检测方法对食用农产品进行抽查检测,被抽查人对检测结果有异议的,自收到检测结果时起四小时内申请复检。复检不得采用快速检测方法。"赋予快检在食用农产品安全执法中的法律地位。

新《食品安全法》让食品大范围、大频次抽样变得可行,也让具有生鲜性质的食用农产品的现场执法具备可操作性。

## | 小　结 |

由以上对新《食品安全法》全方位多角度的解读,我们可以看到新法的实施对中国的食品安全监管工作具有里程碑的意义。有了有法可依的基础,还需有法必依、执法必严、违法必究,这是广大老百姓对政府各级部门的期待。

快检技术是食品安全监管工作的重要技术支撑,新《食品安全法》对快检技术和产品的定位提升,让快检行业面临重大发展机遇的同时,也面临技术和产业升级的重大挑战。

广大的基层执法人员、企业的质检人员如何运用快检这一技术手段发挥最大的效能呢?——我们在后续的章节中陆续会对快检技术、产品及应用进行相关介绍,期望对读者在筹备快检实验室、规划检测流程、开展检测工作、搭建食品安全监管体系等方面提供必要的帮助。

(本文引用了媒体公布的党和国家领导人习近平、李克强、张高丽、汪洋等关于食品安全工作的讲话和批示,部分引用了国家食品药品监督管理总局副局长滕佳材、全国人大常委会法工委行政法室副主任黄薇4月24日答记者问的内容。)

# 第二章　食品安全快速检测方法评价技术进展

## 第一节　食品快速检测方法定义及评价的背景

近年来，食品安全问题成了社会关注的焦点与公众热议的中心之一。食品检验检测工作被视为保障食品安全的重要手段，但由于监管对象、种类、数量、范围过于庞大，监管资源相对有限等因素的制约，传统的检验方法已经难以满足短时间内对大量样品进行检测的实际需求，因此刺激了相关的检验技术不断创新发展，并催生出新型的检验模式，快速检测技术随之应运而生。快检技术具有快速、方便、准确、灵敏等特点，作为效率化的检测手段，越来越多地被应用在食品安全检测领域。

### （一）食品快速检测方法的定义

食品快速检测方法尚没有强制性的国家标准和统一的规范要求，作为其呈现载体的食品快检产品质量参差不齐。在当前情况下，只评价食品快检方法、不评价具体产品，对基层监管部门没有参考价值。因此，这里对食品快检方法定义为技术＋产品，即适用于食品安全相关检测项目的技术和产品，具有快速、简便、灵敏等特点。包括必备的前处理、检测及相关辅助设备，试剂、耗材、使用手册等，能够确保操作人员独立完成本方法的快速检测工作。

将评价检测方法具体落实为技术和产品，使得标准容易建立，具有较强的可操作性，对推广应用具有较强的指导意义。另外对食品快速检测方法所包括的内容进行明确要求，确保技术方法完整性以及在使用过程的方便性和可重复性。

快检方法按照检测结果分类可分为定性方法（Qualitative method）和定量方法（Quantitative method）两大类，由于其判定方法有较大的区别，两者的评价也相差很大，因此，目前的评价方法都是分别对这两种方法进行评价。

### （二）食品快速检测方法评价的背景

伴随着快检需求的迅猛增长，快检产品也出现了良莠不齐的增长态势。因此，国内外很多组织和机构在食品快速检测方法和技术的评价方面已经开展了相关工作和研究，对产品准确度、检出限、精密度、重复性、再现性、抗干扰性、分析时间等指标进行测试，以此来评价快检产品的质量，保证行业良性发展，努力实践科学化监管、专业化监管，提高监管效能。

新颁布的《食品安全法》第112条中明确规定"县级以上人民政府食品药品监督管理部门在食品安全监督管理工作中可以采用国家规定的快速检测方法对食品进行抽查检测"；第88条规定"采用国家规定的快速检测方法对食用农产品进行抽查检测，被抽查人对检测结果有异议的，可以自收到检测结果时起四小时内申请复检。复检不得采用快速检测方法"；《农产品质量安全法》第36条中规定在农产品质量安全监督抽查中可"采用国务院农业行政主管部门会同有关部门认定的快速检测方法进行农产品质量安全监督抽查检测"；食品药品监管总局《食用农产品市场销售质量安全监督管理办法》在市场准入、检测制度、监督抽检、市场开办者责任等多个方面均规定了对快速检测方法的使用和要求；食品药品监管总局《关于做好食品安全抽检及信息发布工作的意见》（食药监食监三〔2015〕64号）

在规范送样和检验行为中要求"不具备检验条件和能力的县级食品药品监管部门可采用一定比例快速检测方法进行抽查检测"。

基于以上法律、法规及文件的要求，国家食品药品监管总局早在 2013 年发布的《国家食品药品监督管理总局关于加强食品药品安全科技工作的通知》（食药监科〔2013〕139 号）中就提出"省级食品药品检验机构，要加强对快速检测技术及装备评价和应用推广工作，加强对一线监管人员的培训指导，提高发现食品药品安全问题的能力"；"十三五"规划中国家食品药品监管总局提出要"加强快速检验方法的认定及研究工作"。

《食品安全法》赋予快速检测方法可针对食品尤其是食用农产品进行直接执法的法律地位，有效地解决了之前只能进行初筛的尴尬，但前提是要采用国家规定的快速检测方法。国家规定对食品快速检测方法本身提出科学严格的标准，但是如何理解和执行国家规定成为当务之急。按照当前理解，所谓国家规定主要包括以下几个方面：一是国家标准规定的快速检测方法；二是经国务院食品药品监督管理、质量监督、农业行政等部门评价确定的快速检测方法。目前，国家标准规定的快速检测方法非常少，为尽快使用国家规定的快速检测方法，规范县级以上食品药品监督管理部门在食品安全监督管理工作中食品（含食用农产品和保健食品）快速检测方法的使用和管理，确保食品快速检测方法评价工作的科学、公正和有效，就必须开展食品快速检测方法的评价工作。

## 第二节　国外组织和机构制定的快检方法评价标准和规范

### （一）国际标准化组织

国际标准化组织是国际上最具权威性的标准化机构。ISO16140：2003（Microbiology of food and animal feeding stuffs – Protocol for the validation of alternative methods）是为数不多的针对快检方法评价的标准，为市场上的快检产品的评价认证提供了非常好的依据。该标准评价内容包括两个方面：①与参考方法对比的研究；②联合实验室的研究。

在定性方法评价方面，与参考方法的对比研究中，针对不同的基质分别评价，使用快检方法和参考方法测定相同的 60 个样品（大约 50% 的阳性样品，50% 的阴性样品），两种方法的前处理最好相同。根据最终结果，计算其相对准确度、相对特异性、相对灵敏度。不同实验室间的联合研究中，至少选择 10 家实验室；至少 3 种不同浓度污染水平（阴性对照、检测限、10 倍检测限）；每个实验室对每个污染水平至少做 8 个重复盲样；共计需有 480 个（每个方法 240 个）。评测其特异性、相对灵敏度、相对准确度。不同实验室需要在规定的时间内评价。

在定量方法评价方面，与参考方法的对比研究中，针对不同的基质分别评价，主要评价线性、检测限、定量限、相对灵敏度、特异性（包容性和排他性）。不同实验室间的联合研究中，至少选择 8 家实验室，至少做 96 个样品，包括高中低 3 个水平；分别评价准确度、重复性、重现性。不同实验室需要在规定的时间内评价。

总体而言，ISO16140：2003 提出了快检方法评价的通用原则和技术协议，评价内容侧重方法的技术性能，参数多、指标全面，评价过程相对复杂，具有广泛的借鉴意义。

### （二）法国标准协会

欧洲最为权威的第三方认证组织法国标准协会（AFNOR）在 ISO 16140：2003 标准的基础上对快检方法的评价进行了补充修改，进一步增加了方法的实用性评价。AFNOR 增加的方法实用性（Praticability of the alternative method）评价，主要为了保证快检方法具有更为实际的可操作性，比如增加了对快检方法操作时间以及人员需要培训的时间等评价。

由于快检产品的最大的优势之一就是易于使用，因此增加对其实用性的考察非常有必要。但是目前的实用性评价还不够完善，大多数评价内容没有相应的量化指标，不易于最终的评价与鉴定。

### （三）北欧食品安全分析委员会

北欧食品安全分析委员会（NordVal）也在 ISO 评价标准的基础上进行了修改，减少了一些评价参数，如检出限、定量限、相对灵敏度等，使得评价更加简单。特别增加了方法可靠性和不确定度的评价，进一步突出评价对用户的指导性。如在定量方法评价中，NordVal 引入对方法不确定度的评价，方法不确定度应满足具体的实用要求。引入对方法可靠性评价来代替对检出限、定量限、灵敏度等性能指标的评价。在方法可靠性评价中，采用至少 5 个浓度等级，包含高中低三个浓度水平，每个浓度每个方法做五次，得到两种方法的平均值和标准偏差与浓度等级关系图，其中快检方法应在参考方法 95% 的置信区间内。

### （四）国际分析化学师协会

国际分析化学师协会（AOAC）作为国际上分析检测方法"金标准"的制定者和颁布者，早在 1989 年就出台针对检测试剂盒的指南：AOAC Research Institute Test Kit Definitions and Modifications Guideline，对检测试剂盒做了定义。虽然没有形成评价标准，但已经有多个指南作为标准的附件为快检产品评价提供依据，其中 AOAC（AOAC Research Institute）提供的对测试方法性能认证的服务中就有对试剂盒的评价要求。

AOAC 主要突出了对快检方法重复性和重现性的评价，注重评价结果对应用的指导。同时，在最新的针对微生物检测试剂盒的指南中，AOAC 在定性评价方法中创新性地提出了检出概率这一概念，虽然没有进行常规的定性产品评价方法中的灵敏度、特异性、假阳性和假阴性等性能参数的评价，但是可以通过检出概率浓度曲线图直观地反映出这些参数。引入检测概率后，减少了所需的评价参数，使得评价更加简洁、直观。

## 第三节　国内组织和机构关于食品快检方法评价情况

### （一）农业、粮食等部门评价情况

国内方面，随着快检产品的大量使用，2005 年农业部发布了《兽药残留试剂（盒）备案参考评判标准》，对试剂盒进行了相应的要求。2011 年出台了国内首个针对检测试剂盒的评价标准《SN/T 2775-2011 商品化食品检测试剂盒评价方法》，这对于确保检测数据的科学性与准确性，保障我国食品质量安全有着十分重要的意义。但是由于国内的快检评价标准发展较晚，相对而言评价方式较为落后，还缺乏像"检出概率"这类更加科学的评价指标，这也是亟须发展完善的，需要在未来进一步修订。

2011 年，农业部委托中国水产科学研究院组织开展了国内首次水产品药残快速检测产品筛选验证工作，对各省渔业行政主管部门和质检机构推荐的 14 种药物残留快速检测产品进行氯霉素、孔雀石绿及硝基呋喃类代谢物的现场验证。该项工作持续开展，2014 年共有 12 家企业生产的 56 种快检产品参加了验证，为渔业管理部门提供了快检产品的检测灵敏度和准确性等信息，提高了水产品质量安全监管效率和质量。2013 年，国家粮食局标准质量中心组织了"粮食中镉含量快速测定方法国家标准适用性验证工作"，对国内外 6 家机构提供的快检仪器及方法进行了现场比对测试，验证了快检仪器的操作简易性、现场及基层适用性、抗干扰能力等指标，取得大量实验数据，为下一步工作的开展奠定了技术基础。

2011 年，为规范餐饮服务食品安全监管工作中快速检测方法的应用，加强餐饮服务食品安全快速检测方法的管理，国家食品药品监督管理总局制定了《餐饮服务食品安全快速检测方法认定管理办法》。明确了国家食品药品监督管理总局负责全国餐饮服务食品安全快速检测方法的认定工作，对餐饮服务食品安全快速检测方法的使用进行监督管理，由中国食品药品检定研究院具体承担全国餐饮服务食品安全快速检测方法的形式审查和技术审评工作。并于同年，发布了餐饮服务食品安全快速检测方法认定范围的公告（第一批），涉及有机磷农药残留、煎炸或烹饪用油中极性组分、食品中亚硝酸盐、火锅底料中罂粟壳、水产品中孔雀石绿、食品中副溶血性弧菌、表面洁净度等7类快速检测方法的认定评价。2012年，为建立健全和完善保健食品化妆品快速检测方法，确保快速检测工作的科学、公正和有效，根据《食品安全法》及其实施条例、《化妆品卫生监督条例》等规定，国家食品药品监督管理总局制定印发《保健食品化妆品快速检测方法认定指南》。

**（二）食品药品监管总局关于食品快速检测方法评价的情况**

自从新颁布的《食品安全法》实施以来，从事食品快速检测技术的研发、生产、销售企业，运用快速检测技术监管的各级政府相关部门，都十分关心食品快速检测方法将面临怎样的考验；《食品安全法》实施后食品快速检测方法的机会在哪，挑战多大；食品快速检测方法在监管执法中的地位、前景如何；食品生产销售相关企业应如何应对等一系列的问题。

2015年12月，国家食品药品监督管理总局官网的《食品安全法实施条例》（修订草案征求意见稿）给出了部分思路。《条例》首先明确了国家规定的定义，即通过国务院食品药品监督管理、质量监督、农业行政等部门评价的食品快速检测方法，可以作为国家规定的快速检测方法。县级以上人民政府食品药品监督管理、质量监督、农业行政等部门可以采用经国务院食品药品监督管理、质量监督、农业行政等部门确定的快速检测方法对食品进行抽查检测。

国家食品药品监管总局负责制定快速检测技术评价规范，可以委托省、自治区、直辖市食品药品监督管理部门、相关行业协会或者专业技术机构,对相关企业、科研机构等提出的快速检测方法开展评价。通过评价的,予以公布。总局也可以委托省级食药监管部门和相关专业技术机构等对申请快速检测方法评价的企业生产情况和申报资料进行现场核查,并抽取样品。对于总局尚未评价的食品快速检测方法,省级食药监管部门可以根据辖区内监督管理需要,制定食品快速检测方法相关管理办法和技术评价规范,组织专业技术机构开展食品快速检测方法评价。通过评价的,可用于本辖区食品安全初步筛查。《条例》同时要求省级食药监管部门应当制定快速检测工作管理规定,规范快速检测方法的验收和使用,并对辖区内食品安全监督管理中使用快速检测方法的情况进行监督检查。

据悉,围绕国家规定的快速检测方法,国家食品药品监督管理总局正在以修订的《食品安全法实施条例》为依据,制定《食品快速检测方法评价管理办法》,提出了通过"总局组织专业技术机构开展评价,委托省局协助受理、初审,以省为单位加快快检方法使用的监督管理"总体工作模式和初步工作思路。

食品快速检测方法的评价是以"技术评价"为主要工作手段,非行政许可,不涉及快检产品的行业准入,主要满足食药监系统基层监管部门的监管和执法要求,评价结果为基层监管部门采购使用快检产品提供指导,结果面向社会发布。评价过程体现"自愿、公开、公平"的原则。

以上可见,食品药品监管总局将要开展的评价工作对申请人要求较高,以确保真正有实力、自主研发能力强、产品质量过硬、有一定规模产能和服务到位的产品才有可能通过评价。最终由国家食品药品监督管理总局公布,具有权威性,对指导快速检测方法的应用推广有重要指导意义。

快速检测企业必须彻底放弃侥幸思想,只有脚踏实地加大投入,从各个方面努力按照标准要求运作。在技术方面必须以自身的研发为基础,勇于创新获得更多的核心技术。在产品方面必须不断改进工艺，确保品质精益求精，能够满足监管工作的需要。改变以往存在的贴牌供货、产品稳定性差等问题，以适应国家食品药品监管总局对食品快检方法的规定和要求。

《食品安全法》赋予快速检测方法可以针对食品尤其是食用农产品进行直接执法的法律地位，有效地解决了之前只能进行初步筛选的尴尬问题。同时，国家规定将对食品快速检测方法本身提出科学严格的标准，确保技术先进、质量稳定、服务优良的企业和产品才有可能拿到通行证，有效地解决了快速检测技术和产品参差不齐、良莠不分的局面。快速检测方法所拥有的快速、简单、灵敏、低成本等优势，配合不断完善和加强的培训体系，完全可以预见快速检测方法在基层食用农产品监管中将发挥无可取代且不可估量的作用。

针对食品快速检测方法国家规定的落地和推进，对快速检测行业未来的发展指明了方向，为快速检测行业健康发展奠定了坚实基础，让快速检测方法为食品安全监管发挥作用成为趋势。相信必将带来行业的巨大变化，从初期拼市场演变到重点拼技术的阶段，从盲目拼检测项目数量升级为实质应用效果，从拼价格转型为质量和服务的诉求，从只关心销售业绩提升到重视产品能否为客户解决问题，从研发只瞄准招标参数的畸形发展回归于研发创新和核心技术的正确道路。可以预见上面的每一个变化都将为快速检测行业带来更多的机会、更平稳的发展、更美好的明天。

**（三）地方食品药品监管部门关于食品快速检测方法评价的情况**

为提升食品安全监管效能，规范快速检测技术在全省食品安全监管中的应用，陕西省食品药品监督管理局 2015 年初制定下发了《陕西省食品药品监督管理局关于征集食品安全快速检测产品（第一批）开展验证工作的通知》（陕食药监函〔2015〕120 号），组织开展了食品快检产品的验证工作。

　　此项工作由陕西省食品药品监督管理局组织、陕西省食品药品检验所承办，遴选多家食品检验机构，对参加验证的 23 家企业生产的 48 类 352 种产品开展了技术验证。为确保验证结果科学、客观、公正，制订印发了《食品安全快速检测产品验证技术指导原则（试行）》，用于规范此次验证工作。验证指标包括产品的准确度（包括假阳性率、假阴性率、符合率等）、检出限、便捷性、说明书规范性等。

　　该项工作深入探索了快检产品验证程序和验证技术，开启了我国省级食品药品监管系统对食品安全快检产品质量评价的先河，形成了验证结果报告。对促进全省食品快检技术的推广具有很强的指导作用，也为全国省级食药监管部门开展该类工作提供了良好的示范和经验。

## 第四节　关于食品快速检测方法评价的展望

　　目前，我国的食品快速检测方法验证评价体系尚未成熟建立，如果验证评价工作的开展受到时间不足、流程不合理、责任不明确、标准不健全等因素的限制，不仅会影响到评价结果的科学公正性，而且工作成果也难以经受实践检验，难以广泛推广。因此，建立起与国际等效且符合我国国情的食品快检验证评价体系，指导评价工作按照规定的程序、方法和标准执行，对目前市场上已商业化或有重要商业潜力的各种快速检测方法开展评价，不仅能对我国食品快速检测技术的市场化、产业化提供重要参考，也能为实际应用工作中快检方法的选择及提高食品监管效能提供重要的技术支撑。

　　借鉴上述国外组织和机构制定的快检方法评价标准和规范，并参考国内各领域开展评价工作的经验，食品快速检测方法的验证评价流程应分为验证申请、验证准备、验证试验、验证评价、结果发布 5 个阶段。

**1. 验证申请**

由组织验证工作的机构负责征集食品快检产品，并公布征集范围及有关要求。食品快检技术的持有单位，一般指快检产品的生产企业或快检产品的研发单位，根据产品综合情况向组织验证工作的机构提交技术验证申请。

**2. 验证准备阶段**

组织验证工作的机构对快检技术持有单位所提交的资料进行审核，并负责牵头制订"验证评价实施方案"、"验证技术指导原则"，并委托相应的专业检验机构开展后续试验工作。实施方案一经确认，快检技术的持有单位和试验机构应按要求配合完成各项准备工作。

**3. 验证试验阶段**

准备工作完成后，经组织验证的机构确认，试验机构开始具体验证产品。若对工作过程有重大调整，需组织技术专题会研讨解决。组织验证工作的机构应对整个过程进行监督。试验机构完成试验后，编写"试验报告"，包括试验过程中的实验方案、原始记录、统计数据等相关技术资料，一并提交给验证机构归档保存。

**4. 验证评价阶段**

验证机构对"试验报告"进行审核，一般通过组织食品检验领域专家、快检产品生产企业代表等人员对参与验证的快检产品技术参数进行讨论，通过数理统计方法，对验证结果进行审评，编制"验证评价报告"。

**5. 结果发布阶段**

"验证评价报告"、"试验报告"以及技术审评意见经审核通过后，形成验证结果，并在一定范围内公布。验证结果可为各相关单位开展食品快检工作提供依据或参考。快检技术持有单位也可按照规定合理使用验证结果，对其原有生产技术进行改进。

我国食品快检技术验证评价尚处于初步探索研究阶段，一方面，与验证试验相结合的科研工作仍是一个薄弱环节，如能与科研部门深入合作，逐步开展试点工作，从科研角度直接切入，则能相当大程度上促进食品快检技术评价体系的完善，提高评价质量和效率。另一方面，该项工作也应不断积极探索，并与现行的食品监管制度相结合，对验证效果优良的技术向社会推广应用，为食品安全监管提供技术支撑。

# 第三章　食品中常见的安全问题

## 第一节　粮食及粮食制品

### 一、生物毒素

真菌广泛分布于自然界，种类繁多，数量巨大，与人类关系十分密切。霉菌是丝状体比较发达的小型真菌的俗称。有些真菌污染食品或在农作物上生长繁殖，使食品发霉或使农作物发生病害，造成巨大的经济损失，有些霉菌在生长时，还会产生有毒的代谢产物—真菌毒素，这些毒性物质引起人和动物发生的各种病害，称为真菌毒素中毒症。按真菌毒素的重要性及危害性排列，排在第一位的是黄曲霉毒素。经过科学家大量调查还发现，真菌毒素污染最严重的是玉米、花生和小麦。

霉菌毒素（表 3-1）是其产生菌在适当产毒的条件下所产生的次生代谢产物。在食品加工时，虽然经加热、烹调等处理可杀死霉菌的菌体和孢子，但它们产生的毒素一般不能被破坏，如果人体内的毒素积累到一定程度，即可产生该毒素所引发的中毒症状。

表 3-1　粮食中可能出现的霉菌毒素

| 食品 | 霉菌毒素 |
| --- | --- |
| 小麦、面粉、面包、玉米粉 | 黄曲霉毒素、赭曲霉毒素、杂色曲霉素、展青霉素、青霉酸、玉米赤霉烯酮、脱氧雪腐镰刀菌烯醇（DON） |
| 花生、核桃 | 黄曲霉毒素、赭曲霉毒素、棒曲霉素、杂色曲霉素 |

## 二、重金属

根据国务院决定，2005 年 4 月至 2013 年 12 月，我国开展了首次全国土壤污染状况调查。2014 年 6 月 17 号，环保部和国土资源部联合发布了《全国土壤污染状况调查公报》，公报中指出我国耕地土壤环境质量堪忧。公报显示，我国耕地土壤点位污染物超标率为 19.4%，主要污染物为镉、镍、铜、砷、汞、铅、滴滴涕和多环芳烃。

从污染分布情况看，南方土壤污染重于北方；长江三角洲、珠江三角洲、东北老工业基地、湖南等部分区域土壤污染问题较为严重，而这些地区正是我国主要的粮食产区。国土资源部称，中国每年有 1200 万吨粮食遭到重金属污染，直接经济损失超过 200 亿元。这些重金属中任何一种都能引起人头痛、头晕、失眠、健忘、精神错乱、关节疼痛、结石、癌症（如肝癌、胃癌、肠癌、膀胱癌、乳腺癌、前列腺癌、乌脚病及畸形儿）等；尤其对消化系统、泌尿系统的破坏极为严重。

## 三、农药残留

据联合国粮食及农业组织（FAO）统计，如果不使用农药，全世界平均每年因病、虫、草害造成的损失约占作物总产量的 37%，损失额高达 1260 亿美元。另一方面由于使用不当和农药本身的化学属性，致使农药及其降解产物残存于环境、食品中，从而危害环境及人类健康。我国最常见的农药残留为有机磷类和氨基甲酸酯类农药，如不慎食用了带有残留农药的果蔬，中毒潜伏期多在 30 分钟以内，短者 10 分钟，长者可达 2 小时。出现的主要症状有：头晕、头疼、恶心、呕吐、乏力、食欲减退、视力模糊、四肢发麻无力等；中毒较严重者，可能伴有腹痛、腹泻、出汗、肌肉颤动、精神恍惚、言语障碍、瞳孔缩小等症状；更严重者将出现昏迷痉挛、大小便失禁、瞳孔缩小如针尖、体温升高、呼吸麻痹等症状。

## 四、非法添加

### 1. 明矾

国家卫计委等五部门规定，从 2014 年 7 月 1 日开始，馒头、发糕等面制品（除油炸面制品、挂浆用的面糊、裹粉、煎炸粉外）不能添加含铝膨松剂硫酸铝钾和硫酸铝铵，也就是俗称的"明矾"，而目前面食中广泛使用的泡打粉就含有明矾成分，全国消费者铝摄入量普遍较高。由于明矾含有铝离子，所以过量摄入会影响人体对铁、钙等成分的吸收，铝本身很容易在人体中蓄积，比如在大脑、肾、肝、脾等器官都可能产生蓄积，如果在大脑中产生沉积就容易引起老年痴呆、记忆力减退、智力下降等症状。

### 2. 硼砂

硼砂为硼醋钠的俗称，为白色或无色结晶性粉末，由于具有增加食物韧性、脆度及改善食物保水性及保存度等功能，所以添加硼砂的肉制品蓬松而有弹性，很大程度上能节省加工时间及成本并达到令人满意的感官性状及口感，深受小作坊喜爱。可能添加的主要食品类别为腐竹、肉丸、凉粉、凉皮、面条、饺子皮、馄饨等，主要作用是增筋。但是因为硼砂的毒性较高，世界各国均禁止作为食品添加剂使用，根据我国《食品卫生法》规定，硼砂有毒性，属于不能加入食品中的添加剂。

硼砂对人体健康的危害性很大，连续摄取会在体内蓄积，妨害消化道酶的作用。急性中毒症状为呕吐、腹泻、红斑、循环系统障碍、休克、昏迷等所谓硼酸症。

### 3. 面粉增白剂

面粉增白剂的有效成分过氧化苯甲酰（BPO），学名叫稀释过氧化苯甲酰，它是我国八十年代末从国外引进并开始在面粉中普遍使用的食品添加剂，面粉增白剂主要是用来漂白面粉，同时加快面粉的后熟。2011 年 3

月 1 日，卫生部等多部门发公告，自 2011 年 5 月 1 日起，禁止面粉中添加过氧化苯甲酰、过氧化钙，同时设置两个月合理过渡期。

添加增白剂，由于会氧化面粉中的一些维生素 A、胡萝卜素以及少量的维生素 E 和部分 B 族维生素等成分，因此会破坏面粉中的这些营养素，而这些维生素正是我们平时饮食中容易缺乏的维生素，所以从营养学的角度讲，面粉中不应该添加增白剂。

### 4. 罂粟碱

罂粟碱是从罂粟壳中提取出来的一种镇静剂，罂粟壳属于国家违禁物质，不得随意使用。检出罂粟碱，可能是食品生产经营者为吸引食客，在火锅底料中加入罂粟壳，产生的罂粟碱会麻痹降低食用者对辣味的抵抗，长期食用会使食用者对这类产品产生依赖性。罂粟碱的药理作用介于吗啡和可待因之间，主要能解除平滑肌，特别是血管平滑肌的痉挛，并可抑制心肌的兴奋性。其盐酸盐可治疗心绞痛和动脉栓塞等症，但长期应用可产生烦躁不安、流泪、哈欠、周身不适等依赖性和戒断现象，长期或大量服用还可能出现肝损害、黄疸、肝功异常。

可待因、那可丁、蒂巴因、吗啡与罂粟碱相同，均为检测罂粟壳成分的标志性指标。

### 5. 罗丹明 B

罗丹明 B 也称玫瑰红 B，是一种鲜桃红色的碱性荧光合成染料，不允许在食品中使用。检出罗丹明 B，可能是企业为了使产品颜色鲜亮，违法添加该物质，也不能排除是采购的原料中添加了该物质以及植物原料在生长过程中从土壤中富集，或加工过程富集。动物实验显示，罗丹明 B 会引致皮下组织生肉瘤。国际癌症研究机构（IARC）将其列为 3 级致癌物。

### 6. 苏丹红

苏丹红 I 和苏丹红 IV 都是化学染色剂，常用在工业溶剂中，使产品色泽更鲜艳。这类物质对人体的脏器均具有明显的毒性作用，我国已明文规定不得在食品中使用该类物质。但这类物质能让红辣椒、辣椒粉颜色更加鲜艳，不法生产者为改善产品的色泽，取得更大的经济利益，非法添加非食用物质到食品中。而作为复合调味品生产商，如没有对其进购的辣椒、辣椒粉原料严格把关，将导致终产品被污染。

### 7. 富马酸二甲酯

富马酸二甲酯虽然是国家卫生计生委明令禁止的非法添加物，但由于其高效、广谱抗菌且对霉菌有特殊的抑菌效果，仍有个别不法企业违规加入。据国内研究表明，富马酸二甲酯具有较好的抗真菌能力，对于饲料的防霉效果优于丙酸盐、山梨酸及苯甲酸等酸性防腐剂，但过量摄入富马酸二甲酯会损害肠道、内脏和引起过敏，并可在体内转化成甲醇，对眼睛等器官有损害作用，尤其对儿童的成长发育会造成很大危害。

# 第二节　食用油、油脂及其制品

## 一、黄曲霉毒素 B₁

2015 年 5 月，新浪网、腾讯网、搜狐网等网络媒体纷纷发表文章指出，自制花生油因黄曲霉毒素容易超标而有可能致癌。特别是在广东、广西等气候温暖潮湿的南方，十分适合黄曲霉生长和产毒，小作坊和家庭自制的散装花生油黄曲霉毒素超标现象较为常见。

作为最容易被黄曲霉毒素污染的两类农产品——花生和玉米，它们同时也是食用油的主要原料来源。近年来，随着公众在食品消费领域对"古法、农家、自制"以及"纯天然"和"原生态"的追求，小作坊的土榨油和家庭自制食用油备受欢迎。对于这两种榨油方式，专家认为存在较大安全隐患。

中国农业科学院农产品加工所研究员、副所长王强指出，除了原料本身存在被污染的可能，土榨油或自制油还存在下列问题：未经过精炼加工，杂质多，易氧化变质；榨油设备不易彻底清洗干净，残留的油渍及谷物残渣在氧化后会产生霉变，食品安全隐患很大；此外，资源利用率低，会造成很大浪费。

2015年6月1日，国家食品药品监督管理总局在其官网公布了2015年第8期食品安全监督抽检情况。公布信息涉及花生油200批次，来自花生油主要产区山东、广东等14个省（自治区、直辖市）的93家企业，其中2批次样品不合格。本次监督抽检的2批次不合格样品均为黄曲霉毒素$B_1$超标。

## 二、"地沟油"

地沟油，泛指在生活中存在的各类劣质油，如回收的食用油、反复使用的炸油等。地沟油最大来源为城市大型饭店下水道的隔油池。对地沟油进行加工后，摇身变成餐桌上的"食用油"。每天捞取的大量暗淡浑浊、略呈红色的地沟油，仅仅经过一夜的过滤、加热、沉淀、分离，就能让这些散发着恶臭的垃圾变身为清亮的"食用油"，最终通过低价销售，重返人们的餐桌。这种被称作"地沟油"的三无产品，其主要成分仍然是甘油三酯，却又比真正的食用油多了许多致病、致癌的毒性物质。

"地沟油"是一种质量极差、极不卫生的非食用油。一旦食用"地沟油"，它会破坏人们的白细胞和消化道黏膜，引起食物中毒，甚至致癌的严重后果。所以"地沟油"是严禁用于食用油领域的。但是，确有一些不法商贩受利益驱动而不顾人民群众生命安全，私自生产加工"地沟油"并作为食用油低价销售给一些小餐馆，给人们的身心都带来极大伤害。因此"地沟油"这个名称已经成了对人们生活中带来身体伤害的各类劣质油的代名词。

## 三、酸价、过氧化值

酸价是脂肪中游离脂肪酸含量的标志，脂肪在长期保藏过程中，由于微生物、酶和热的作用发生缓慢水解，产生游离脂肪酸。而脂肪的质量与其中游离脂肪酸的含量有关。一般常用酸价作为衡量标准之一。在脂肪生产的条件下，酸价可作为水解程度的指标，在其保藏的条件下，则可作为酸败的指标。酸价越小，说明油脂质量越好，新鲜度和精炼程度越好。它的大小是衡量毛油和精油品质的一项重要指标。

过氧化物是油脂酸败过程中所生成的一种中间产物，很不稳定，能继续分解成醛、酮类及其他氧化物，致使油脂进一步变质。因此，过氧化值也是国家成品油脂卫生检验的必检项目，是判断油脂酸败程度的重要指标。

## 四、苯并芘

我国是世界上最大的油脂生产和消费国，植物油料加工量逐年增加，年加工量超过 10000 万吨，食用油脂消费量年超过 2800 万吨。随着经济发展和人民生活水平的提高，油料油脂安全受到全社会前所未有的关注。苯并芘是一种含五个环的稠环芳烃，常温下是黄色结晶，几乎不溶于水。苯并芘在自然界中分布广泛，主要存在于煤、石油、焦油和沥青中，也可以由含有碳氢化物的燃料产生。食用油中苯并芘的来源一是由于作物在农田中生长时土壤、水质污染，以及农药的使用；二是收获晾晒储存过程受到污染。三是在加工过程中如果温度控制不当，对原料反复烘烤、蒸炒会导致烧焦，从而生成苯并芘残留在外壳上。四是油脂在使用的过程中因油温过高，而且反复使用，致使油脂在高温下发生热聚，也可形成多环芳烃类物质。

苯并芘可以通过呼吸、摄入和接触等途径进入人体，易导致皮肤癌、肺癌、上消化道肿瘤、动脉硬化和不育症等疾病。

## 第三节  肉及肉制品

### 一、兽药残留

根据联合国粮食及农业组织和世界卫生组织（FAO/WHO）食品中兽药残留联合立法委员会的定义，兽药残留（表3-2）是指动物产品的任何可食部分所含兽药的母体化合物及（或）其代谢物，以及与兽药有关的杂质。由于具有防病、治病、促进动物生长、提高饲料转化率等功效，兽药作为饲料添加剂在畜禽养殖业生产中被普遍使用，加之部分养殖企业不遵守抗生素使用的有关规定，造成了我国动物性兽药残留逐渐上升。

表3-2  常见兽药残留的种类

| 种类 | 用途 | 常见品种 |
| --- | --- | --- |
| 抗生素、抗菌药物类 | 防治传染性疾病、抗菌消炎 | 青霉素类、氨基糖苷类、大环内酯类、四环素类、链霉素、土霉素、金霉素、磺胺类、孔雀石绿、硝基呋喃类等 |
| 激素类 | 提高生长、发育、繁殖速度 | 盐酸克伦特罗等β兴奋剂类、己烯雌酚、孕酮、睾酮、雌二醇、多肽或多肽衍生物等 |
| 抗寄生虫类 | 驱虫或杀虫 | 苯并咪唑（丙硫咪唑、丙氧咪唑、噻苯咪唑、甲苯咪唑和丁苯咪唑）、左旋咪唑、克球酚、吡喹酮等 |
| 其他 | 血清制品、疫苗、诊断制品、中药材、生化药品、放射性药品等 |  |

### 1.瘦肉精（克伦特罗、莱克多巴胺、沙丁胺醇）

瘦肉精是一类药物的统称，主要是肾上腺类、β激动剂、β-兴奋剂（β-agonist），用于治疗支气管哮喘、慢性支气管炎和肺气肿等疾病。我国农业部1997年发文禁止瘦肉精在饲料和畜牧生产中使用。2001年12月27日、2002年2月9日、4月9日，农业部分别下发文件禁止食品动物禁止使用β激动剂类药物作为饲料添加剂（农业部176号、193号公告、1519号条例）。商务部自2009年12月9日起，禁止进出口莱克多巴胺和盐酸莱克多巴胺。

国务院食品安全委员会办公室《"瘦肉精"专项整治方案》（食安办〔2011〕14号）规定的"瘦肉精"品种共有16种，比较常见的有盐酸克伦特罗、莱克多巴胺和沙丁胺醇。

### 2. 抗生素类

中国养殖业是抗生素使用量最大的领域（表3-3），超过国内抗生素消费总量的一半。2006年国内抗生素总产量为21万吨，国内消费量约18万吨，其中，用于畜牧及饲料行业的抗生素就高达9.7万吨，约占54%。

养殖业中抗生素的使用主要分为两大部分。一部分为饲料企业在生产全价、浓缩、预混料的过程中添加，主要用于预防疫病及促进生长。另一部分为养殖户在养殖过程中使用，采用拌料、饮水、注射、灌服以及环境喷洒等多种方式，使用目的多为预防和治疗畜禽疫病。

在中国，由于养殖密度大、畜禽疫病复杂多样再加上监管不力等多种原因，普遍存在抗生素过量使用甚至滥用等问题，这导致食品安全问题日益严峻，且细菌耐药性的逐渐提高也为养殖业的持续健康发展埋下隐患。

表 3-3　畜禽类常用的抗生素

| 序号 | 抗生素名称 | 举例 |
|---|---|---|
| 1 | β内酰胺类 | 青霉素、氨苄西林、阿莫西林等 |
| 2 | 磺胺类 | 磺胺二甲嘧啶、磺胺异恶唑等 |
| 3 | 酰胺醇类 | 氯霉素 |
| 4 | 氟喹诺酮类 | 环丙沙星、恩诺沙星、氧氟沙星等 |
| 5 | 四环素类 | 四环素、土霉素、金霉素等 |
| 6 | 头孢菌素类 | 先锋霉素等 |
| 7 | 大环内酯类 | 罗红霉素、泰乐菌素等 |
| 8 | 氨基苷类 | 链霉素、庆大霉素、卡那霉素等 |
| 9 | 林克胺类 | 林可霉素等 |

········

## 二、挥发性盐基氮

挥发性盐基氮（TVB-N）指动物性食品由于酶和细菌的作用，在腐败过程中，使蛋白质分解而产生氨以及胺类等碱性含氮物质。此类物质具有挥发性。

挥发性盐基氮是动物性蛋白新鲜度的代表，其含量越高，表明氨基酸被破坏的越多，特别是蛋氨酸和酪氨酸，因此营养价值大受影响。该指标现已作为我国食品卫生检验标准的一项重要指标，特别是对于鲜肉和肉制品。

## 三、合成着色剂

一些不法肉制品生产厂商为了掩盖原料肉的不新鲜，加入着色剂提高色泽的鲜艳度。

人工合成的着色剂色泽鲜艳、着色力强、易溶解、易调色、化学性质稳定、生产成本低，经过加工和长时间放置后仍可保持鲜艳诱人的色泽。人工合成着色剂具有一定的毒性，危害人体健康，所以对合成着色剂的添加必须加以控制。我国在国标 GB2760《食品添加剂使用卫生标准》中严格规定：在熟肉制品中只允许添加诱惑红，而不允许添加日落黄、苋菜红、胭脂红等。

## 四、微生物

肉类制品是以鲜、冻禽肉为主要原料，经选料、修整、配料、腌制、成型、蒸煮、冷却、包装等工艺制成的食品。近年来，微生物超标是这类产品不安全的主要问题，严重影响了腌腊肉制品的卫生质量。按照 GB 2730《腌腊肉制品卫生标准》规定：腌腊肉制品菌落总数 $\leq$ 100cfu/g、大肠菌群限量指标 $\leq$ 30MPN/g，其中沙门菌、志贺菌、金黄色葡萄球菌等不得检出。

### 五、动物源性成分鉴定

动物源性成分鉴定能反映样品是否含有特定种类的肉料。近年来，使用鸡、鸭等廉价肉替代牛羊肉的现象屡见媒体曝光，肉制品中掺杂使假的情况一直存在。主要原因是部分商家违法违规，为节省原料成本全部或部分以价格较低廉的猪、鸡、鸭等肉代替牛羊肉。肉制品由于经过加工工艺后很难从感官区分，从而部分商家有机可乘，造成肉制品市场以假乱真、以次充好局面，扰乱市场秩序的健康发展。

# 第四节　蛋及蛋制品

### 一、重金属

市面上部分皮蛋、松花蛋为了缩短腌制时间由工业硫酸铜腌制。由于工业硫酸铜往往含有铅、砷、镉等有毒有害元素，如果用于食品加工，将导致食品重金属含量超标。

### 二、微生物

我国蛋品加工水平低，主要是以鲜蛋的形式被消费者购买，绝大多数鸡蛋在上市前未经任何的分级和消毒保鲜处理，这种蛋往往携带大量的微生物，消费者食用这种鸡蛋有一定的安全风险。食药总局也明确了蛋品中菌落总数、大肠菌群和沙门菌的监督抽检任务。

### 三、兽药残留

由于鸡的传染病难以控制，乱投药、违规用药情况比较严重，鸡蛋中不可避免地存在兽药存留超标问题。常见的有氯霉素、恩诺沙星、环丙沙星、硝基呋喃类等。

# 第五节　蔬菜及其制品

## 一、农药残留

多年来由于大量、连续地使用化学农药，使得蔬菜病虫对化学农药产生了普遍的抗药性，菜农只能加大农药的使用量。由此，对农药使用和依赖程度呈现出恶性循环现象。农药的大量使用，使得蔬菜中农药残留量超标问题日益突出。2000年5月份农业部农药检定所组织北京、上海、重庆、山东和浙江5省市的农药检定所，对50个蔬菜品种，1293个样品的农药残留进行抽样检测，农药残留量超标率达30%，残留浓度高者为允许残留量的几倍甚至几十倍。蔬菜中农药残留量的严重超标，导致中毒事故时有发生。

## 二、甜味剂

糖精钠和甜蜜素都是无热量的人工合成甜味剂，常被用到低热量食品中，在酱腌菜产品中主要起到代替糖的作用。而由于甜蜜素的甜度较低，因此往往与糖精钠共同使用，同时也容易被超量使用。根据规定，酱渍菜和盐渍菜中甜蜜素不得超过0.65g/kg，糖精钠不得超过0.15g/kg，安赛蜜不得超过0.3g/kg，其他类酱腌菜均未作规定，表明其产品生产过程中是不允许添加的。

## 三、防腐剂

苯甲酸和山梨酸均为人工合成的防腐剂，我国对它们在蔬菜制品中的使用作出了严格的限量规定，过量食用会对人体的肝脏和肾脏产生影响，特别是加重肝脏的负担。

## 四、人工合成着色剂

GB2760《食品添加剂使用卫生标准》中明确规定，酱腌菜中不允许使用着色剂（柠檬黄、日落黄），更不允许使用苏丹红等工业染料。只可以使用姜黄，姜黄的最大使用量为 ≤ 0.1g/kg。

# 第六节　水果及其制品

水果及其制品常见的食品安全问题基本与蔬菜及其制品类似。新鲜蔬果多农药残留，蜜饯、水果干制品等易出现甜味剂、防腐剂和合成着色剂使用超标的现象。

# 第七节　水产品及水产制品

## 一、药物残留

随着我国水产养殖集约化程度的不断提高，饲养密度的增加，水产动物病害也迅速增多，导致水产品药物残留问题日益严重，已直接影响到我国养殖水产品的市场竞争力、出口创汇能力、养殖业的健康发展和广大消费者的食用安全。

水产品药物残留与人体健康息息相关。一般来说，水产品的药物残留通常很低，大部分不会导致对人体的急性毒性作用，而往往会被忽视。但是长期食用低剂量药物残留的水产品，药物在人体内慢慢蓄积，将会严重危害人体的健康。

水产品常见药物残留包括氯霉素、硝基呋喃类、孔雀石绿、磺胺类、喹诺酮类、己烯雌酚、四环素类等。

## 二、微生物

水产品是我国出口的大宗产品之一，近年来产量及出口量不断上升。然而水产品在养殖、捕捞、贮藏、加工、运输、销售等环节容易受到病原微生物的污染，因此，病原微生物检测是水产品及其加工品卫生检测中的一项重要工作，关系到消费者的健康及生命安全。

水产品常见微生物污染包括菌落总数、大肠埃希菌、沙门菌、金黄色葡萄球菌、单增李斯特菌、霍乱弧菌、副溶血性弧菌等。

## 三、重金属

工业的快速发展，使得包括重金属在内的大量污染物进入江河湖海，从而导致水生生态系统遭到不同程度的破坏。大量研究证明，包括贝、虾、蟹在内的诸多可食用水产品对其生长环境中的重金属具有较高的富集作用，因此重金属可通过食物链传递进入人体内，从而体现出它们的高毒性和持久毒性，对人类健康造成伤害。

厦门大学海洋环境科学博士后谭巧国指出，就各类具体海洋生物而言，由于生理特性差异对重金属等的富集和转化并不相同。不同种类的鱼虾贝蟹，富集的可能是不同种类的重金属，且富集的器官部位可能也不一样，因而通过食物链危害食用者健康的方式也不一致。贝类、甲壳类主要为镉、铅、砷和铜，鱼类主要富集甲基汞。

# 第八节　饮料

2015 年 3 月初，国家食品药品监督管理总局公布 2015 年第二期食品安全监督抽检信息，共有 90 个批次的饮料产品不合格，其中涉及纯净水和矿泉水的就达 86 个批次，不合格的主要问题有溴酸盐、亚硝酸盐、大肠菌群、霉菌和酵母等指标超标。国家相关司局负责人在论坛上称，饮用水安全是食品安全的重要组成部分，国家食品药品监督管理总局对加强饮料监管高度重视，要求各地加强监管。据其透露，在年度抽检计划和专项抽检计划中，我国对瓶桶装饮用水的质量安全监管不断加强，抽检频次、检验项目逐步增加，监管力度、抽检力度不断加大。

高风险等级的项目包括电导率、高锰酸钾消耗量、铅、总砷、镉、亚硝酸盐、三氯甲烷、四氯化碳、游离氯、挥发性酚（以苯酚计）（为蒸馏水检测项目）、氰化物（为蒸馏水检测项目）、菌落总数、大肠菌群、霉菌和酵母、铜绿假单胞菌、产气荚膜梭菌等。

饮料除了上述问题外，常见的还包括合成着色剂、防腐剂和甜味剂的滥用问题。

# 第九节　调味品

## 一、重金属

调味品的原料一般为大豆、大米、高粱等植物或水体生物。而这些原材料都有重金属污染的问题。在食品安全监测过程中常见的调味品重金属污染为重金属铅和总砷。

## 二、微生物

由于目前市场上所用的调味品大多为初级加工的农产品，质量不稳定，细菌容易超标，对食品的应用卫生安全性产生了极大的危害。包括菌落总数、大肠菌群、沙门菌及金黄色葡萄球菌。

除重金属和微生物污染问题外，调味品亦存在甜味剂和防腐剂使用超标问题。

# 第十节  食糖

食糖国家抽检项目包括蔗糖分、总糖分（蔗糖分＋还原糖分）、色值、不溶于水杂质（限赤砂糖）、合成着色剂（柠檬黄、苋菜红、胭脂红、日落黄、诱惑红、亮蓝）（限冰片糖、赤砂糖）、二氧化硫、总砷、铅、菌落总数、大肠菌群、酵母菌、霉菌计数、致病菌、螨。

# 第十一节  酒类

## 一、塑化剂

2012 年爆出白酒塑化剂事件，对中国酒业造成严重伤害。酒中的塑化剂主要来自于塑料接酒桶、塑料输酒管、酒泵进出乳胶管、封酒缸塑料布、成品酒塑料内盖、成品酒塑料袋包装、成品酒塑料瓶包装、成品酒塑料桶包装等。塑料袋、瓶装的成品酒，随着时间的推移，产品中的塑化剂含量会逐渐增高。台湾大学食品研究所教授孙璐西此前接受媒体采访时表示，塑化剂毒性比三聚氰胺毒 20 倍。长期食用塑化剂超标的食品，会损害男性生殖能力，促使女性性早熟以及对免疫系统和消化系统造成伤害。

## 二、酒精度

酒精度又叫酒度，是指在 20℃时，100 毫升酒中含有乙醇（酒精）的毫升数。酒精度是酒类产品的一个重要理化指标，含量不达标主要影响产品的品质。

酒精度不合格可能是个别企业生产工艺控制不严格或生产工艺水平较低，无法有效控制酒精度的高低；也可能是个别企业为降低成本，故意标高酒精度，以提高销售价格，欺骗消费者；也不排除生产者检验器具未准确计量，检验结果出现偏差等情况。

# 第十二节　焙烤食品

## 一、微生物

焙烤食品主要为面包、蛋糕、饼干等产品，近年来，焙烤食品的微生物卫生安全性问题引起重视，因为常用原料为面粉、马铃薯淀粉等。这些原料直接关系到人体健康，焙烤食品的微生物卫生安全性问题已是产品销售的主要问题之一。微生物超标可能是生产过程中原材料、工具、工作台面等卫生标准不合格造成，也可能是在冷却、内包装过程中，遭受空气中细菌二次污染，从而导致食品细菌含量超标。食品药品监管总局公布的 2015 年第 2 期焙烤食品监督抽检不合格信息中一半以上的问题都出自微生物超标。

## 二、食品添加剂

焙烤食品除了微生物超标严重，还会有防腐剂各自用量占其最大使用量比例之和，滥用合成着色剂和甜味剂等现象。

# 第十三节　茶叶及相关制品

## 一、重金属

茶树是一种喜酸性土壤植物，在其生长过程中，会富集吸收大量的金属离子。茶叶重金属污染问题是近几年出现的主要质量问题之一，主要包括铅、铜、镉、铬、砷、汞等重金属。

## 二、农药残留

在茶叶种植和储藏过程中，广泛使用各种农药，比如，有机氯农药，有机磷农药，拟除虫菊酯类农药，这些农药对环境和人类健康具有潜在危害。

# 第十四节　薯类及膨化食品

膨化食品分为油炸型膨化食品和非油炸型膨化食品。油炸型膨化食品是原料经食用油脂煎炸或用经过调味的植物油喷洒、浸渍、干燥等方式而制成。所以当食用油油品质量不合格或反复使用，酸价、过氧化值等指标会超出国家标准限量要求。

在多次针对膨化食品的监督抽检中，发现的主要质量问题为：超范围使用食品添加剂（合成着色剂、防腐剂等）、甜味剂，微生物指标（菌落总数、大肠菌群、沙门菌、金黄色葡萄球菌、志贺菌）超标和铝残留量超标。

## 第十五节　糖果及可可制品

　　糖果是指以白砂糖、淀粉糖浆（或其他食糖）、糖醇或允许使用的其他甜味剂为主要原料，经相关工艺制成的固态、半固态或液态甜味食品。

　　目前有些糖果企业受私利的驱使，以假充真，以次充好，存在滥用食品添加剂的情况。比如，为了色彩鲜艳滥用合成着色剂、为了增加甜度超量使用甜味剂、超量使用防腐剂等；使用质量不过关的食品添加剂造成重金属超标；生产条件和保存条件不合格造成微生物污染等情况。

## 第十六节　炒货食品及坚果制品

　　炒货食品及坚果是中国特有的休闲食品，分为树果和种子两类。树坚果主要包括腰果、杏仁、开心果、松子、板栗等；种子则主要包括葵花籽、西瓜子、南瓜子等。我国对坚果的监督抽检项目包括酸价、过氧化值、铅、糖精钠、环己基氨基磺酸钠（甜蜜素）、乙酰磺胺酸钾（安赛蜜）、合成着色剂（柠檬黄、苋菜红、胭脂红、日落黄、诱惑红、亮蓝）、滑石粉、二氧化硫、黄曲霉毒素 $B_1$、大肠菌群、霉菌（限油炸类、其他类）、酵母、沙门菌（限腌制果仁类）、罗丹明 B（限烘炒脱壳花生及加辣椒制品）等。

## 第十七节　豆类及其制品

　　豆类及其制品的国家风险监测项目为镍、硼、黄曲霉毒素（$B_1$、$B_2$、$G_1$、$G_2$）总量。

## 第十八节 蜂产品

### 一、微生物

蜂蜜中微生物的污染主要在两个阶段，一个是蜜蜂在产生蜂蜜的阶段，污染来源主要包括互粉、蜜蜂的消化残渣、尘埃、空气、水源、花、蜜蜂等；第二是蜂蜜收获及贮藏运输阶段，其污染来源又包括加工设备、操作人员、包装容器等。蜂蜜中的主要微生物是酵母和芽孢杆菌。酵母和真菌类霉菌是导致蜂蜜发酵变质的主要微生物，尤其是耐渗透压的酵母。

### 二、蜂蜜掺假

按照国标规定，蜂蜜中的果糖和葡萄糖不得低于60%。果糖和葡萄糖指标虽然不涉及食品安全，但却是蜂蜜的重要质量指标。果糖和葡萄糖含量过低，表明产品可能掺入了其他糖类物质，也会造成蜂蜜口感和营养价值的降低。

高果糖淀粉糖浆和碳-4植物糖含量也是判定蜂蜜是否掺假的重要指标。蜂蜜天然的植物糖为碳-3植物糖，碳-4植物糖就是碳四植物通过光合作用生成的糖，用稳定碳同位素比率法测定蜂蜜，数值大于或等于7%时，则说明蜂蜜存在掺假，含有玉米糖或蔗糖等。高果糖淀粉糖浆又称人造蜂蜜，它是用淀粉为原料，经酶液化、糖化，将淀粉转化为糖浆，经脱色、分离、澄清精制，再上色、添香而成，添加到蜂蜜中掺假造成其品质下降。

蜂蜜造假由来已久，手法多样而且不断翻新。截至目前已知的造假方法主要有以下几种：一是在蜂蜜生产期间用白糖或者糖浆直接喂养蜜蜂；二是往蜂蜜里大量掺入糖浆等较低成本的糖类；三是往蜂蜜里加入防腐剂、澄清剂、增稠剂等添加剂，用"蜂蜜制品"伪造"蜂蜜"；四是在同为真蜂蜜的情况下把价格低的掺入到价格高的当中，以次充好。

# 第十九节　冷冻饮品

## 一、甜味剂

为了增加冷冻饮品的甜度，甜味剂是冷冻饮品的主要材料之一。根据国家对冷冻饮品甜味剂的使用规定，冷冻饮品中甜蜜素不得超过 0.65g/kg，蔗糖素不得超过 0.25g/kg，糖精钠不得超过 0.15g/kg，安赛蜜不得超过 0.3g/kg。

## 二、着色剂

着色剂又称食品色素，通过色素改变冷冻饮品的色泽，以便掩盖原来的颜色，使得其看起来诱人美观，起到刺激食欲和诱食的作用，可以说色素是冷冻饮品不可获取的一部分。市场上一些生产企业违禁添加着色剂，长期食用此类产品将严重危害人体健康。

## 三、微生物

冷冻饮品富含水分、蛋白质、糖等各种营养物质，有利于细菌的生长繁殖，所以微生物污染是主要的卫生问题。我国 GB 2759.1-2003 规定冷冻饮品必须检查菌落总数、大肠埃希菌和致病菌，其中致病菌包括沙门菌、志贺菌和金黄色葡萄球菌。

# 第二十节 乳制品

## 一、黄曲霉毒素 $M_1$

黄曲霉毒素 $M_1$ 属于黄曲霉毒素一类结构相似化合物中的一种，该类毒素是由常见的黄曲霉菌和寄生曲霉菌产生的代谢产物。其中黄曲霉毒素 $B_1$ 是最主要的一种毒素，哺乳类动物摄入被黄曲霉毒素 $B_1$ 污染的饲料或食品后，一部分蓄积于动物的可食部位，如肝、肾和蛋中，另一部分在体内转化成黄曲霉毒素 $M_1$，而存在于动物分泌的乳汁和产生的尿液中。

## 二、抗生素类

中国乳制品行业起步晚，起点低，但发展迅速，特别是改革开放以来，奶类生产量以每年两位数的增长幅度迅速增加，与此同时，畜牧业也发展迅速，众多的抗生素在乳牛饲养中得到广泛的应用，其中以 β 内酰胺类、氨基糖苷类、四环素类、大环内酯类等为主，造成乳制品中大量的抗生素残留。

对患病奶牛用药不当及不遵守停药期是造成牛奶中抗生素残留的重要因素。其次，则是抗生素类饲料添加剂的使用。添加的抗生素能使畜禽肠道变薄，增加肠黏膜通透性，有利于畜禽对营养成分的吸收，起到促生长作用。但由于科学知识的缺乏和经济利益的驱动，不合理地使用和滥用饲料添加剂的情况经常发生，造成抗生素在动物组织中的残留，并通过食物链进入人体，对人类健康构成威胁。第三，饲养户和经营商为了保鲜，将抗生素人为添加到畜产品中，来抑制微生物的生长、繁殖，防止牛奶酸败变质，也是造成抗生素残留超标的一大因素。

### 三、三聚氰胺

三聚氰胺俗称蛋白精，加入到牛奶中可以提高牛奶中的蛋白质含量。2008 年很多食用三鹿集团生产的婴幼儿奶粉的婴儿被发现患有肾结石，随后在其奶粉中发现化工原料三聚氰胺。中国国家质检总局公布对国内的乳制品厂家生产的婴幼儿奶粉的三聚氰胺检验报告后，事件迅速恶化，包括伊利、蒙牛、光明、圣元及雅士利在内的 22 个厂家 69 批次产品中都检出三聚氰胺。该事件亦重创中国制造商品信誉，多个国家禁止了中国乳制品进口。

### 四、微生物

牛奶的营养相当丰富，是人类的优质平价食物，也是微生物最佳培养基。在生产过程中牛奶很容易被微生物污染。微生物具有病原性，一旦进入体内，会引起食物中毒或其他疾病，这些细菌通过奶和奶制品进入人体，危害人的健康。乳品微生物必检项目菌落总数、志贺菌、金黄色葡萄球菌、沙门菌。

## 第二十一节  特殊膳食食品

特殊膳食食品包括婴儿配方乳粉和较大婴儿及幼儿配方乳粉。监督抽检的主要项目包括：

（1）重金属：总汞、铬、总砷、铝的残留量（以干基计）。

（2）抗生素类：青霉素类（氨苄青霉素、邻氯青霉素、苄青霉素）、磺胺类（磺胺嘧啶、磺胺甲嘧啶、磺胺二甲嘧啶）、氯霉素等。

（3）激素类：黄体酮、雌二醇、氟氢可的松、氢化可的松。

（4）塑化剂：邻苯二甲酸酯（DBP、DEHP、DINP）。

（5）苯甲酸、蜡样芽孢杆菌、双酚 A、壬基酚、苯甲酸、蜡样芽孢杆菌。

# 第二十二节 食品添加剂

## 一、铝

2014 年 5 月，国家卫生计生委等 5 部门联合发文，对含铝食品添加剂的使用做出了重大调整。从 2014 年 7 月 1 日开始，三种含铝的食品添加剂（酸性磷酸铝钠、硅铝酸钠和辛烯基琥珀酸铝淀粉）不能再用于食品加工和生产，馒头、发糕等面制品（除油炸面制品、挂浆用的面糊、裹粉、煎炸粉外），不能添加含铝膨松剂（硫酸铝钾和硫酸铝铵），而在膨化食品中也不再允许使用任何含铝食品添加剂。

## 二、重金属

食品添加剂主要由各种无机物和有机物组成，他们主要来自于矿山、化工产品和农副产品，这些都将受到本底重金属的影响；另外，由于生产的需要及受重金属污染环境的影响，在加工生产过程中必将受到一些人为的污染。因此，食品添加剂中或多或少地含有重金属元素，国家主要的监督抽检项目为重金属铅和砷。

## 三、防腐剂

监督抽检发现部分食品存在超范围或超限量使用防腐剂（主要为二氧化硫、亚硫酸盐、苯甲酸、山梨酸、脱氢乙酸等）的情况。可能是企业为增加产品保质期，或者弥补产品生产过程卫生条件不佳而超限量超范围使用，或者未准确计量而使用。

二氧化硫、亚硫酸盐不合格的主要是酱腌菜、蜜饯、腌渍食用菌、烤鱼片、辣椒、花椒、辣椒粉、花椒粉、开心果等。二氧化硫是食品加工中常用的漂白剂和防腐剂。二氧化硫检测不符合标准的原因还可能是个别生产者使用劣质原料以降低成本，其后为了提高产品色泽超量使用二氧化硫。少量二氧化硫进入人体内最终转化为硫酸盐并随尿液排出体外，不会对身体带来健康危害，但若过量食用会引起如恶心、呕吐等胃肠道反应。

苯甲酸不合格的产品主要是酱腌菜、盐渍食用菌、蜂产品以及个别的蜜饯、液体调味料、葡萄酒、肉制品等。一般情况下，苯甲酸被认为是安全的，少量苯甲酸和山梨酸可以通过人体代谢排出体外，不会对身体带来健康危害，但若过量食用会对肝脏造成负担。

山梨酸不合格的产品主要是肉制品、黄豆酱、甜面酱、蚕豆酱等，个别酱腌菜、水产制品、蜂蜜、生湿面制品和饼干。山梨酸及其盐安全性较高，一般食品中添加量只要不超过限量要求是很安全的，如果超标严重，并且长期食用，可能在一定程度上抑制骨骼生长，危害肾、肝脏的健康。

脱氢乙酸及其钠盐不合格的主要是热加工糕点、葡萄酒以及个别的豆制品和饮料。在食品生产中，脱氢乙酸及其钠盐作为一种广谱防腐剂，对霉菌和酵母菌的抑菌能力强，为苯甲酸钠的 $2\sim10$ 倍，在高剂量时能抑制细菌，是广谱食品防腐剂，毒性较低，按标准规定的范围和使用量使用是安全可靠的。

## 四、甜味剂

监督抽检发现部分食品存在超范围或超限量使用甜味剂（主要是甜蜜素、糖精钠、安赛蜜等）的情况。可能是企业为增加产品甜味，超限量超范围使用或者未准确计量甜味剂；个别蜂蜜产品中检出甜味剂，也有掺假的可能。

环己基氨基磺酸钠（甜蜜素）不合格的产品主要涉及白酒，还有个别熟制动物性水产品、蜂产品、冷冻饮品、油炸型膨化食品和非油炸型膨化食品和餐饮自制的发酵型面制品等。环己基氨基磺酸钠是一种食品添加剂，属于非营养型合成甜味剂，其甜度约是蔗糖的 30 倍，其口感好，价格低廉。甜蜜素作为国际通用的食品添加剂，可用于清凉饮料、果汁、冰淇淋、糕点食品及蜜饯中。美国食品药品管理局肿瘤评审委员会、国家研究会（NRC）专家委员会均评价甜蜜素不是致癌物。但长期食用超范围、超量使用甜蜜素的产品会危害人体肝脏及神经系统，不利于身体健康。

　　糖精钠不合格的产品主要涉及酒类（白酒、配制酒和葡萄酒）以及个别蜂产品制品、油炸和膨化食品、其他蛋白饮料、熟制动物性水产品和酱腌菜等。糖精钠是糖精的钠盐，甜度是蔗糖的 500 倍左右，即使将其稀释10000 倍，其稀释后的水溶液还具有甜味。糖精钠作为甜味剂添加在食品中已有很多年了，至今尚未发现由其引起的中毒事件，但各国都严格控制其使用范围和使用量。糖精钠除了在味觉上引起甜的感觉外，对人体无任何营养价值。当食用较多的糖精时，会影响肠胃消化酶的正常分泌，降低小肠的吸收能力，造成食欲减退。

　　乙酰磺胺酸钾（安赛蜜）主要涉及配制酒、油炸型膨化食品和非油炸型膨化食品，以及个别的辣椒酱、方便食品和熟制动物性水产品等。乙酰磺胺酸钾又名双氧哑噻嗪钾、A–K 糖。甜度为蔗糖的 200 倍，甜味纯正而强烈，甜味持续时间长。除了在味觉上引起甜的感觉外，对人体无任何营养价值。当食用较多的安赛蜜时，会影响肠胃消化酶的正常分泌，降低小肠的吸收能力，使食欲减退。安赛蜜类似于糖精，易溶于水，没有营养，无热量，不吸收，安赛蜜的安全性高，联合国粮食及农业组织／世界卫生组织联合食品添加剂专家委员会同意安赛蜜用作 A 级食品添加剂，安赛蜜的 ADI 值为 0—15mg/kg 体重。安赛蜜也是化工合成品，超范围、超量使用会对人体的肝脏和神经系统造成危害，特别是对代谢排毒能力较弱的老人、孕妇、小孩危害更明显。

## 五、着色剂

监督抽检发现部分食品存在超范围或超限量使用着色剂（主要是柠檬黄、日落黄、胭脂红、诱惑红、苋菜红、亮蓝、食品级二氧化钛等）的情况。可能是由于企业为增加产品卖相，或者弥补原料品质较低而超范围超量添加，或者未准确计量，个别产品食用色素超标不排除掺假。

食品级二氧化钛主要涉及小麦粉，其他着色剂主要涉及酱卤肉制品、熟肉干制品、速溶茶类、其他含茶制品、粉丝粉条等，还有个别方便食品、热加工糕点、蜜饯等。柠檬黄、日落黄、胭脂红、诱惑红、苋菜红、亮蓝是利用有机物人工化学合成的有机色素。合成着色剂有着色力强、色泽鲜明、不易褪色、稳定性好、易溶解、易着色、成本低等特点。目前合成着色剂中常用的是其各自的色淀，色淀是由水溶性着色剂沉淀在许可使用的不溶性基质上所制备的一种特殊着色剂制品，因为基质部分大多为氧化铝，所以又称为铝色淀。国家标准对食品中色素的规定都有明确的限量要求。小麦粉中二氧化钛超标主要是增白增重，降低成本。其他着色剂超标可能是由于企业为增加产品卖相凸现产品色泽等感官性状，或者弥补原料品质较低而超范围超量添加，或掩盖加工工艺及储运条件失当导致的产品感官缺陷，或者质量管理不规范导致投料偏离配方，及原辅料验收不严格而带入终端产品，个别产品食用色素超标不排除掺假。

# 第二十三节　餐饮食品

餐饮食品主要包括：餐饮自制食品、餐饮具、食用盐、餐饮单位水产品暂养池水和其他餐饮食品。其中餐饮自制食品包括：小麦粉制品、熟肉制品、酱腌菜、半固态调味料、糕点、面包、冰淇淋、雪糕、自制饮料、凉拌菜等餐饮环节自制食品。

## 一、微生物

在餐饮食品监管时，经常会对餐饮单位的食品检测进行抽样检测，不合格指标中，微生物指标不合格占比例较大，主要为菌落总数和大肠菌群。而除这两项外，金黄色葡萄球菌和沙门菌也是重要的抽检项目。

## 二、合成着色剂

有些餐馆为了在颜色上吸引顾客，采用化学色素来渲染菜品颜色。常见的包括柠檬黄、日落黄、胭脂红、苋菜红、亮蓝等合成着色剂的滥用和碱性橙等工业染料的非法添加。

# 第四章　快速检测技术综述

　　食品的安全问题关系到全人类的生活、生存和延续，是人类持续发展的一个重要课题。近二十年来，曾经发生过一系列食品安全事件，如：二噁英、甲醛、激素、吊白块、假酒、苏丹红、瘦肉精、毛发水酱油等，牛奶业曾经普遍使用三聚氰胺等，食品产业面临着滥用抗生素、违规使用食品添加剂、农药残留严重超标等困境。虽然上述现象已有所遏制，但仍未杜绝。

　　食品安全问题严重威胁到消费者的健康乃至生命安全，引发人们对食品安全的信任危机，不仅造成生产经营企业重大的经济损失，给行业发展带来沉重打击。因此食品安全问题不仅关系经济的发展，更关系到社会稳定。

　　面对当前严峻的食品安全形势，我国已经颁布了一系列政策法规，并采取多项措施来保障食品安全。同时，国家各级监管部门也加大了对生产企业、市场商品的监督抽查力度。以上措施需要大量快速、方便、准确、灵敏的食品安全分析检测设备及技术作为保障基础。近年来，提高检测技术和能力，为食品安全监管提供技术支撑也成为解决我国食品安全问题的重中之重。

　　目前，国际上对食品安全检测技术发展呈现两个趋势：一是在传统实验室检测中以精准为目标，向着设备日趋精密、检测限量逐步降低方向发展；二是在现场检测环节以快速筛查为目标，向着速测化、装备便携化的方向发展。随着社会进步和科学技术快速发展，食品企业内部和监管部门对食品质量安全及时监督掌控的需要，传统的检测手段已无法满足需求，由此食品安全快速检测技术得到了快速发展和广泛应用。现将几种主要方法和技术概述如下。

# 第一节　化学比色技术

化学比色技术是食品安全快速检测中最常用的经典技术，常用的化学比色法采用检测试剂和检测试纸两种方法，它们都是利用迅速产生可见颜色变化的化学反应来检测待测物质，可借助肉眼比色、可见光分光光度计、比色卡等实现定性或定量。目前，化学比色技术已广泛地应用于食品常量物质、食品添加剂、农兽药残留、重金属、有机物污染等方面的快速检测。

## 一、快速检测试剂

化学快速检测试剂主要包括检测液和检测管，如基于甲醛与 4- 氨基 -3- 联氨 -5- 巯基 -1，2，4- 三氮杂茂（AHMT）在碱性条件下缩合后，经高碘酸钾氧化成 -6- 巯基 -5- 三氮杂茂（4，-b）-S- 四氮杂苯紫红色化合物而开发的检测液形式的甲醛快速检测试剂盒，通过滴加液体试剂的方式向样品液中加入反应试剂；利用在强碱性反应条件下，甲醛与间苯三酚生成橙红色络合物原理而开发的检测管形式的甲醛快速检测试剂盒，产品将显色试剂以固体形式装入检测管，检测时直接将样品液加入到检测管中反应即可（见彩插 4-1）。它们均可通过与标准色阶卡对比或可见光分光光度法对检测物质半定量，该技术已经被选入广东省地方标准 DB44/T 519-2008《食品中甲醛的快速检测方法》。

对于一些有毒有害不允许检出的物质，还可以通过试管显色来对其定性：以毒鼠强快速检测管为例，直接取处理后的样品液 0.3mL，沿管壁加入检测管（强酸溶液，谨慎操作）中，盖上盖子轻轻摇匀，反应 2 分钟后观察颜色变化。阳性反应为淡紫红到深紫红色或棕紫红色。阴性为黄色或淡黄色（见彩插 4-2）。

## 二、快速检测试纸

快速检测试纸，本质是把化学反应从试管里移到滤纸上进行，它和快速检测试剂类似，都是利用产生的化学反应颜色变化对待测物定性或定量。试纸法测定样品，主要是通过与标准比色卡比较，进行目视定性或半定量分析。此种方法将被测样品滴在试纸片上或将纸条插入溶液中，被测物与试纸接触后在试纸上发生化学反应，根据检测样品的不同，测定样品的时间只需几秒到几十分钟。快速检测试纸分为速测卡和速测条两类。

如食用油酸价快速检测试纸，测定时只需将试纸条的反应膜浸入待测样品中，取出后甩掉多余的油样，在 5 分钟后将反应膜所显示的颜色与标准比色卡对比得出食用油的酸价（见彩插 4-3）。

在微生物检测方面，目前国内外都有多种微生物检测纸片，可分别检测菌落总数、大肠菌群、霉菌、沙门菌、葡萄球菌等，这些纸片快速检测与传统检测方法之间的相关性非常好。如用大肠菌群快检纸片检测餐具的表面，操作简便、快速、省料，特异性和敏感性与发酵法符合率高。

## 三、配套检测仪器

随着化学比色技术的不断发展，与其相配套的微型检测仪器也相应出现。与试剂和试纸配套的微型光电比色计目前已发展的比较成熟，这方面技术水平与国外不相上下，如手持式食品安全综合分析仪（图 4-4），不仅可以与检测试剂类相结合，而且可以对检测试纸条检测结果定量分析。其检测仪器的小型化以及检测种类的多样性为现场快速检测提供了不少便利。

图 4-4    手持式食品安全综合分析仪

与其他一般仪器方法相比，化学比色法具有简单、快速、结果直观、高通量、仪器易小型化等突出特点。此类方法适用于所有可产生颜色反应的待测物，但对化学比色法来说，该方法对化学反应自身条件依赖性较强，因此检测过程中受到的干扰因素比较多。其中试剂盒法，虽然操作简便，但定量不足。而食品安全快速检测仪（分光光度法）定量较好，但需要进行一定的样本前处理。

# 第二节    免疫学检测技术

免疫学坚持技术是通过抗原与抗体的特异性结合反应，再辅以免疫放大技术来检测目标物。由于抗原抗体反应的特异性，所以该方法的种类较多，目前用于食品安全检测的技术主要有免疫磁珠分离法、免疫胶体金试纸、免疫乳胶试剂、免疫酶技术或免疫色谱技术等。

## 一、胶体金免疫层析技术

对食用农产品安全领域不断出现的新问题，短时间内很难开发出高灵敏度的比色快速检测方法应用于现场快速检测，而抗体制作技术已比较成熟，胶体金试纸检测在这方面具有较大的发展空间。免疫胶体金试纸法将特异性的抗体交联到试纸条上，试纸条有一条质控线和一条或几条显示结果的测试线（图4-5）。

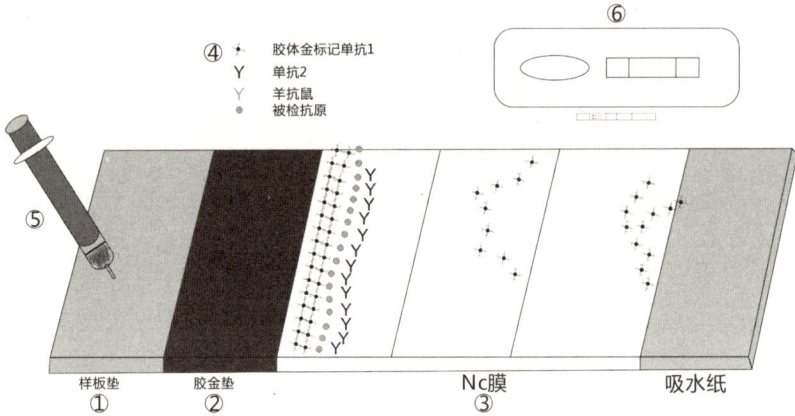

图4-5　免疫胶体金试纸结构图

目前，国内外已经有相当成熟的商业化试纸条，如能够检测牛奶中的三聚氰胺的试纸条，能检测谷物、酱油、食用油等食品中黄曲霉毒素的试纸条，检测火锅底料非法添加罂粟壳的试纸条，测速冻食品中金黄色葡萄球菌的试纸条，测鱼、虾、贝类等水产动物系列病害、药物残留、饲料原料掺假、饲料添加剂的试纸条。该类产品使用非常方便，只需先将样品进行前处理后，再将提取液滴加到试纸条上，最后根据色带进行评定。产品检测时间仅需数分钟、无需任何附加试剂和设备、操作简单等特点，解决了传统检测方法费时（数小时至数天）成本高、操作复杂等问题，非常适合基层使用。

如罂粟壳快速检测卡，操作非常简单，只需取火锅底料约5g于样品瓶中，加水10mL，振摇1分钟后静置；取出检测卡，将其平放；用一次性滴管吸取2-3滴处理好的火锅底料样本到检测卡的加样孔中；加样后开始计时，5-8分钟即可观察结果（图4-6）。

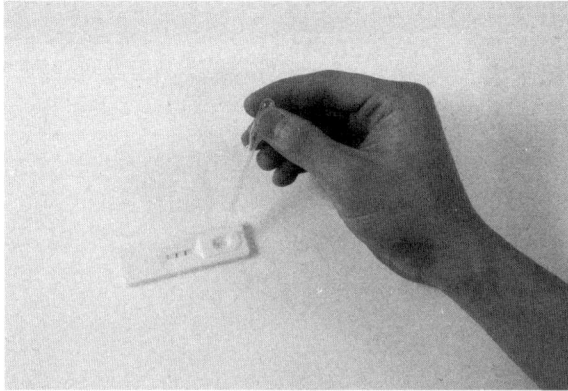

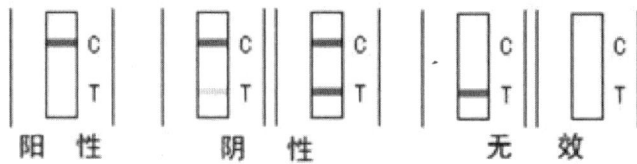

图 4-6　免疫胶体金试纸

## 二、酶联免疫吸附技术

酶联免疫吸附技术（ELISA）是一种把抗原和抗体的特异性免疫反应和酶的高效催化作用有机结合起来的检测技术。基本原理是，把抗原或抗体在不损坏其免疫活性的条件下预先结合到某种固相载体表面；测定时，将受检样品（含待测抗体或抗原）和酶标抗原或抗体，按一定程序与结合在固相载体上的抗原或抗体起反应，形成抗原或抗体复合物；反应终止时，固相载体上酶标抗原或抗体被结合量（免疫复合物）即与标本中待检抗体或抗原的量成一定比例；经洗涤去除反应液中其他物质，加入酶反应底物后，底物即被固相载体上的酶催化变为有色产物，最后通过定性或定量分析有色产物量即可确定样品中的待测物质及其含量（图4-7）。

ELISA 技术在沙门菌、大肠埃希菌 O157、单增李斯特菌等微生物检测以及孔雀石绿、氯霉素、瘦肉精等残留和霉菌毒素等方面应用较多。该技术特异性强，灵敏度高，但操作复杂，且由于抗原抗体的反应专一性，针对每种待测物都要建立专门的检测试剂和方法，为此类方法的普及带来难度，如果食品在加工过程中抗原被破坏，则检测结果准确性将受到影响。

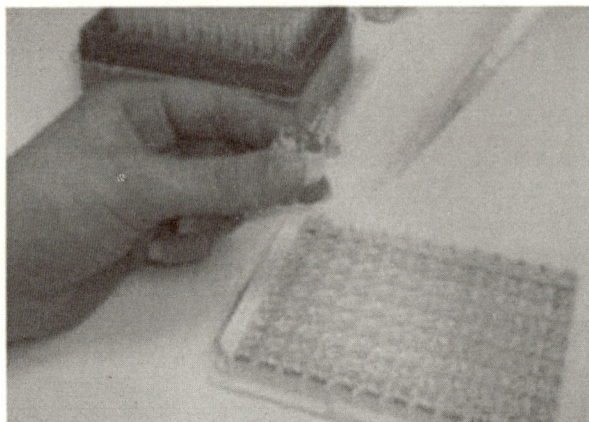

图 4-7　酶标板

## 三、免疫磁珠技术

免疫磁珠技术是利用免疫凝集反应原理将病原菌特异性抗体偶联在磁性固体颗粒表面，与样品中待检病原菌发生特异性结合，载有病原菌的磁性颗粒在外加磁物的作用下向磁极方向聚集，从而使病原菌不断得到分离、浓缩。该技术代替常规的选择性增菌培养过程，可特异有效将目标的微生物从样品中快速分离出来。在大肠埃希菌 O157：H7，单核增生李斯特菌的检测方面有研究报道，但目前产品还未成熟，应用较少。

# 第三节　生物酶检测技术

生物酶检测技术在食用农产品快速检测方面的应用主要有生物酶显色技术、生物酶抑制技术和生物发光检测技术等。

## 一、生物酶显色技术

生物酶显色技术是根据微生物在生长繁殖过程中可合成和释放某些特异性酶，根据酶的特性，在分离培养基中加入检测特异性酶的底物，该底物为人工合成，由产色基团和微生物可代谢物质组成，通常为无色，但在特异性酶作用下游离出发色基团并显示一定颜色，直接观察菌落颜色即可对菌种做出鉴定。这种技术将传统的细菌分离和生化鉴定有机地结合起来，同步进行，并使得检测结果直观，已成为微生物检测的一个主要发展方向。主要包括显色培养基法和纸片法。

显色培养基（见彩插4-8）是生物酶反应技术转化的主要产品，国外一些厂家先后研制出一批质量较高产品，如法国科马嘉公司，英国的OXOID公司已推广系列的显色培养基产品，得到广泛认可。经过近些年的发展，国内一些科研、企事业单位也先后研制出系列微生物显色培养基产品，产品质量已经达到国外同等水平，如北京陆桥，广东环凯，达元绿洲等已研制出系列微生物显色培养基产品，显色培养基作为一种选择性分离平板，已在国标常规培养法中广泛使用。但是显色培养基使用依然需要进行配置培养基，灭菌，倒平板等常规的微生物操作步骤，涉及的试验环节仍较多，对检测人员专业性要求较高，限制了其在微生物快速检测中的应用。

即用型纸片法就是在显色培养基原理上进一步发展起来的，是近年来兴起的一种微生物快速检测方法。它是利用无毒的高分子材料作为培养基载体，将特定的培养基和显色物质附着在上面，通过微生物在培养基上面的生长特征和显色反应对微生物进行鉴定。该方法取样与接种同时进行，同时保留显色培养基法的直观优点，操作简单，分析时间短，而且结果更为准确，已经达到国标法中常规定量检测方法的技术水平。国外纸片产品种类，以美国的3M公司开发的Petrifilm™系列测试片为代表，主要有菌落总数、大肠埃希菌、金黄色葡萄球菌（见彩插4-9）、李斯特菌类，但其价格昂贵，检验成本较高。近年来，国内系列微生物测试片也取得了进展，基本涵盖所有的食用农产品微生物常规菌和致病菌检测项目。该技术在北京奥运会食品安全保障和汶川地震抗震救灾中，成为卫生部指定采购产品；在广州亚运会和上海世博会中，该系列产品进一步发挥其作用。

即用型微生物显色检测板，是酶触反应技术、液体凝胶技术及模板制备技术相结合的新型技术产品。该产品是以新型的培养基多组分配方为基础，采用一套特殊的液体凝胶配方，独特的检测板设计，标准化的模板制备技术。可有效防止测试片容易出现样品液流失问题，同时由于底板透明，可以实现仪器读取实验结果，节省人力物力，进一步提高检验效率。该系列产品基本涉及所有的农产品微生物检测项目。如菌落总数（见彩插4-10）、金黄色葡萄球菌、大肠埃希菌、大肠菌群，沙门菌，粪链球菌，李斯特菌等。

## 二、生物酶抑制技术

生物酶抑制技术是通过化学物质抑制生物酶的活性，进一步影响以酶为催化作用的反应速度，从而影响显色效果来对化学物质定性或定量。现已有国标 GB /T 5009. 199-2003《蔬菜中有机磷和氨基甲酸酯类农药残留量的快速检测》和行业标准 NY/T448-2001《蔬菜上有机磷和氨基甲酸酯类农药残留快速检测方法》。其原理主要是有机磷和氨基甲酸酯类农药对胆碱酯酶的正常功能有抑制作用，其抑制率与农药浓度呈正比。酶抑制技术是研究比较成熟、在国内应用最广泛的速测技术之一。

根据检测方式的不同，酶抑制法分为速测卡法和光度法。速测卡法是将酶与底物分别固定在两片试纸上，两者接触时待测组分对酶的抑制作用产生催化显色差异，据此判断待测组分的含量（见彩插4-11）。对有机磷和氨基甲酸酯类农药残留检测限为 ppm 级别，适用于农贸市场、超市等食品集散地的实时监测。光度法通过选择合适的显色剂与酶的催化底物进行反应，考察固定时间内吸光度的变化，达到定性或半定量的目的。光度法与试纸法一样均是我国运用最多的农药残留快速检测方法。

　　酶抑制技术检测农药残留操作简便、快速、灵敏、经济，样品无需净化，但此方法只能定性不能定量，在检测韭菜、生姜、葱、蒜、萝卜、辣椒等具有刺激性气味的样品时，还会产生干扰。

## 三、ATP 生物发光检测技术

　　ATP（Adenosine Triphosphate，腺嘌呤核苷三磷酸）生物发光检测技术是近年发展较快的一种用于食品生产加工过程接触表面洁净度检测的快速检测方法。ATP 生物发光检测技术的原理是利用生物细胞裂解时会释放出 ATP，在有氧条件下，萤火虫荧光素酶催化萤火虫荧光素和 ATP 之间发生氧化反应形成氧化荧光素并发出荧光，在一个反应系统中，当萤火虫荧光素酶和萤火虫荧光素处于过量的情况下，荧光的强度就代表 ATP 的量，而 ATP 的量与细菌、真菌等生物物质污染成正比，从而推断出生物物质污染的程度。利用 ATP 生物发光分析技术检测肉类食品中细菌等生物物质污染状况，或食用器具的现场卫生情况，都能够达到快速适时的目的。国内外均有成熟的 ATP 生物发光快速检测系统产品出售，如手持式 ATP 荧光检测仪，其操作非常简单，图 4-12 为检测流程。

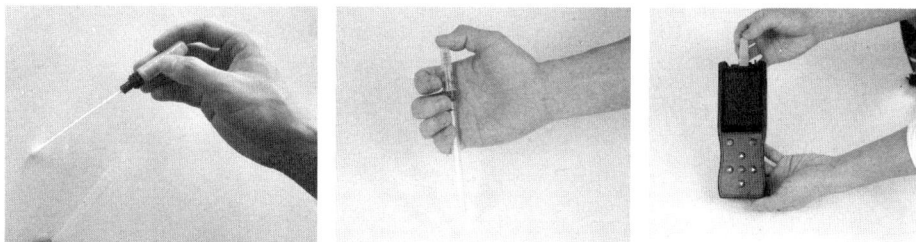

取样混合测试

图 4-12　ATP 荧光检测仪检测流程图

# 第四节　电化学分析技术

电化学分析是一种以物质在溶液中的电化学性质为基础确定物质含量的分析方法。溶液的电化学性质是指电解质溶液通电时，其化学组成和浓度随电位、电导、电流和电量等电化学特性变化而变化的性质。电化学分析方法就是利用这些性质，通过电极把被测物质的组分或浓度转换成电学参数而加以测量，从而对其进行定性和定量的分析方法。

电化学分析法主要有：①电导分析法：以测量溶液的电导值为基础的分析方法；②直接电导法：直接测定溶液的电导值而测出被测物质的浓度；③电导滴定法：是通过电导的突变来确定滴定终点，然后计算被测物质的含量；④电位分析法：用指示电极和参比电极与测试液组成化学电池，在零电流条件下测定电池的电动势，依次进行分析的方法；⑤电解分析法：应用外加电源电解试液，电解后称量在电极上析出的金属的质量，依次进行分析的方法，也称电重量法；⑥库仑分析法：应用外加电源电解试液，根据电解过程中所消耗的电量来进行分析的方法；⑦伏安分析法：是指以被分析溶液中电极的电压－电流波动为基础的一类电化学分析方法，包括极谱法和伏安法。

电化学分析技术具有操作简单、快速、线性范围宽的特点，降低分析成本，极大地提高分析速度，目前已经运用到食品添加剂，重金属等方面的检测。如便携式重金属电化学检测仪（图4-13）是一款利用阳极溶出伏安法，在含有重金属离子的溶液中浸入电极传感器，通过检测氧化还原电流并进行分析，再由能斯特方程推算出金属离子浓度的电化学分析仪器，可快速检测食品中铅、汞、镉、铜、铁、锌、铬、砷等重金属含量。

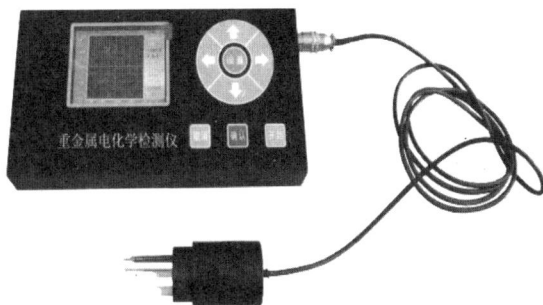

图 4-13　重金属电化学检测仪

# 第五节　分子生物学检测技术

食品安全检测中一个十分重要的内容是及时准确地检测出食品中的病原微生物。传统的微生物检测方法虽然有效且特异性高，但存在检测成本高、速度慢、效率低等问题，难以满足现代社会快速检测的要求，并且由于传统的微生物检测方法基本上都需要对病原菌进行人工培养，对一些生长缓慢或是新的病原菌就难以用传统方法进行检测。另外，近些年来出现的转基因食品中转基因成分的安全检测也难以用传统检测方法进行检测。而基因探针术、PCR 技术等作为现代生物学技术手段应用于食品微生物或食品中转基因成分的检测，克服了传统生物芯片技术食品安全检测方法的缺点和不足，若能克服存在的易污染产生假阳性结果的缺点，该技术大规模推广应用将指日可待。

## 一、荧光定量 PCR 技术

荧光定量 PCR 技术实现了 PCR 从定性到定量的飞跃，基于常规 PCR 反应体系中加入荧光基团，利用荧光信号的强弱变化，实时监测 PCR 反应进程。在 PCR 过程中，连续不断地检测反应体系中的荧光信号变化，并由循环数与荧光值作图，阳性反应管呈现特征性的曲线，根据曲线特征可判断体系中是否有特异性 PCR 扩增，同时与一系列标准比较可对体系中模板进行定量。相关研究运用实时荧光 PCR 技术建立对食品中单增李氏菌进行检测的快速方法，该技术虽具有快速、特异、灵敏、简便、高效的特点，但其在食品致毒、致病性微生物检测的实际应用中也存在不少问题，必须认真分析各种具体情况，采取相应的措施，以提高反应的特异性和敏感性，避免假阳性或假阴性结果。

## 二、环介导等温扩增技术（LAMP）

2000 年日本学者纳富（Notomi）在 Nucleic Acids Res 杂志上公开了一种新的适用于基因诊断的恒温核酸扩增技术，即环介导等温扩增技术英文名称为 "Loop-mediated isothermal amplification"。短短几年，受到了世卫组织 WHO、各国学者和相关政府部门的关注，该技术已成功地应用于 SARS、禽流感、HIV 等疾病的检测中，在 2009 年甲型 $H_1N_1$ 流感事件中，日本荣研化学株式会社（以下简称"荣研公司"）接受 WHO 的邀请完成了 H1N1 环介导等温扩增法检测试剂盒的研制，通过早期快速诊断对防止该疾病的快速蔓延起到积极作用。通过荣研公司近十年的推广，环介导等温扩增技术已广泛应用于日本国内各种病毒、细菌、寄生虫等引起的疾病检测、食品化妆品安全检查及进出口快速诊断中，并得到了欧美国家的认同。该技术的优势除了高特异性、高灵敏度外，操作十分简单，对仪器设备要求低，一台水浴锅或恒温箱就能实现反应，结果的检测也很简单，不需要像 PCR 那样进行凝胶电泳，环介导等温扩增反应的结果通过肉眼观察白色浑浊或绿色荧光的生成来判断，简便快捷，适合基层快速诊断（图4-14）。缺点：灵敏度高，一旦开盖容易形成气溶胶污染，加上目前国内大多数实验室不能严格分区，假阳性问题比较严重；引物设计要求比较高，有些基因可能不适合使用环介导等温扩增方法；此外，检测病原微生物需要进行预增菌。

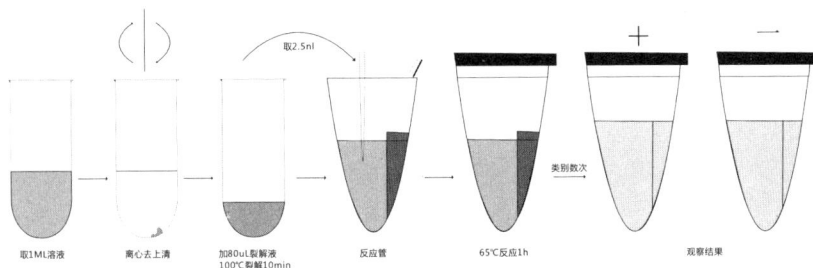

图4-14 LAMP技术检测微生物流程图

## 三、实时荧光核酸恒温扩增（SAT）技术

SAT技术是以荧光定量PCR为基础方法开发的一种等温扩增技术，与其他分子技术不同的是采用核酸（RNA）为靶标进行扩增。该技术作为新一代核酸扩增检测方法在国内外临床已经广泛用于医学诊断。目前，国内外相关研究机构投入大量的资金、人力和物力，已经将成熟的临床检验技术，转化到食品检验应用领域，目前该技术已可覆盖食品中金黄色葡萄球菌、沙门菌、志贺菌、单增李斯特菌、副溶血弧菌、O157大肠埃希菌等致病菌的检测。

SAT技术基于采用M-MLV反转录酶、T7 RNA多聚酶和优化探针技术，针对食源性致病性微生物中靶标核酸（RNA）进行多个拷贝，荧光标记探针与RNA拷贝特异性结合，根据实时荧光信号的出现时间和强度，结合阳性和阴性对照对检验结果进行判定的原理，实现对食品中污染的致病性微生物进行准确快速检验。该技术具有快速、特异性强、灵敏度高、无假阴性、假阳性率低、不易污染、只检测活菌等特点。近年来，该技术已经开始应用于广交会等大型活动食品安全保障、食品应急等检验活动，能够快速准确报送检测结果，在食品安全的快速检测领域具有重要的应用价值。

## 四、生物芯片技术

生物芯片包括基因芯片、免疫芯片和蛋白芯片等技术。其中，基因芯片的研究和应用最为令人关注。基因芯片是指按照预定位置固定在固相载体上很小面积内的千万个核酸分子所组成的微点阵阵列。基因芯片技术由于同时将大量探针固定于支持物上，可以一次性对样品大量序列进行检测和分析，基因芯片技术以其可同时、快速、准确地分析数以千计的基因组信息的优点而显示出了广阔的应用前景。该技术已应用于检测水和食品中常见致病细菌及其毒素、真菌毒素、病毒、支原体、衣原体、立克次氏体等微生物，它的优点是自动化程度高，能够实现同时检测多种目标分子的目的，而且检测效率高，检测周期短。缺点是前期需要大量已测知的DNA 片段信息，检测费用偏高，需要一定的设备，对操作人员的技术要求较高。

# 第六节　生物传感技术

生物传感器是将生物感应元件的专一性与能够产生和待测物浓度成比例的信号传导器结合起来的一种分析装置，与传统的化学传感器和离线分析技术相比，生物传感器有着许多不可比拟的优势，如高选择性、高灵敏度、较好的稳定性、可微型化、便于携带、可现场检测等，它作为一种新的检测手段正迅猛发展。根据生物识别元件和生物功能膜的不同，生物传感器可分为酶传感器、免疫传感器、微生物传感器、组织传感器、细胞器传感器、类脂质膜传感器、DNA 杂交传感器等。在现场快速检测领域，生物传感器检测技术与比色、免疫胶体金试纸、ELISA 等检测方法相比还未得到普遍应用，但国内外针对这方面的研究报道很多，各种新技术如纳米、分子印迹等为其提供了丰富的发展空间，近年来生物传感器的研究越来越趋向于微型化、集成化、智能化以及无创伤的方向发展，如电子鼻和电子舌技术。随着检测仪器和检测方法的不断成熟，生物传感器技术在食品现场快速检测领域将有更广阔的应用前景（表4-1）。

表 4-1 生物传感器在食品快速检测中的应用

| 检测项目 | 检出限 |
|---|---|
| 葡萄球菌肠毒素 B 基因 | 0.02 mg/L |
| 金黄色葡萄球菌 $C_2$ | 5 mg/L |
| 左旋咪唑 | $5 \times 10^{-2}$ mg/L |
| 丙烯酰胺 | $1.2 \times 10^{-10}$ mol/L |
| 丁酰胺 | $5 \times 10^{-5}$ mg/L |
| 食品中常见肠道细菌 | $1 \times 10^{-6}$ mg/L |

电子鼻又称气味扫描仪，是 20 世纪 90 年代发展起来的一种快速检测食品的新兴仪器。它以特定的传感器和模式识别系统快速提供被测样品的整体信息，指示样品的隐含特征。电子舌是一种使用类似于生物系统的材料作传感器的敏感膜，当类脂薄膜的一侧与味觉物质接触时，膜电势发生变化，从而产生响应，检测出各类物质之间的相互关系。这种味觉传感器具有高灵敏度、可靠性、重复性。它可以对样品进行量化，同时可以对一些成分含量进行测量。基于电子舌与电子鼻各自的特点与检测中的优越性，电子鼻与电子舌已有了各种应用与潜在发展领域，国内外已在食品工业、环境检测、医疗卫生、药品工业、安全保障、公安与军事等方面报道了不少研究成果。但目前该技术在稳定性、可靠性、一致性方面还有待改善。

# 第七节　光谱检测技术

## 一、近红外光谱技术

近红外光谱技术利用红外光线的穿透能力比较强，而测试样品中的含氢基团对不同频率的近红外光存在选择性吸收，因而透射的红外光就携带有有机物结构和组分的信息，通过检测器分析透射或反射光线的光密度就能确定该组分的含量，从而可以实现掺假伪劣鉴别。近红外检测技术目前在在线检测产品中的水分、蛋白质、脂肪含量等指标方面已有较成熟的应用，已能检测的产品包括粮、油脂、饲料等。

该技术的优点是检测成本低，分析速度快，不需前处理，免去了化学反应中的诸多影响因素，也避免了对环境的污染，实现了样品的无损检测，并且能够对样品的多个组分同时检测。缺点是不适于痕量分析，灵敏度较低，且需要建立相关的模型数据库，要大量的前期工作。

## 二、拉曼光谱分析技术

拉曼光谱分析技术是以拉曼效应为基础建立起来的分子结构表征检测技术，其谱线位置（位移值）、谱线数目和谱带强度等直接反映了基于化学分子键的延伸和弯曲的振动模式信息，进而可以了解分子的构成及构象信息。随着拉曼光谱学、仪器学、激光技术的发展，拉曼光谱技术作为一种成熟的光谱分析技术，已发展了多种不同的分析技术，如傅里叶拉曼光谱、表面增强拉曼光谱、激光共振拉曼光谱、共焦显微拉曼光谱等。20世纪60年代随着激光的问世并引入到拉曼光谱仪作为光源之后，拉曼光谱技术得到了迅速的发展，出现了很多新的拉曼光谱技术，从而应用到环境污染、农兽药残留超标、添加剂滥用等许多领域。如美国开米美景公司首次应用拉曼成像光谱技术快速无损检测小麦面粉中的三聚氰胺，并使测量数据直接可视化，用数码照片格式将实验结果表达出来。目前，该技术主要依靠进口，成本高，国内应用较少。

## 三、X 射线荧光光谱技术

X 射线荧光光谱技术是一种利用样品对 X 射线的吸收随样品中的成分及其多少而变化来定性或定量测定的方法，它集成了现代电子技术、光谱分析技术、计算机技术和化学计量学技术于一体，是一种应用广泛、发展迅速的现代化仪器分析技术。X 射线荧光光谱技术具有样品制备简单、分析速度快、重复性好、非破坏性测定，并且可测元素范围广、可测浓度范围宽、能同时测定多种元素、成本低等特点，已成为样品多元素同时测定的有效方法之一。适合于多种类型的固态和液态物质的测定，并且易于实现分析过程的自动化，是解决重金属污染，元素高效快速分析测定的有效技术手段。目前在应用上还需再进一步改进，各部件性能的高度稳定性，谱仪整机的一体化和小型化，仪器操作的进一步简便化，数据处理的高度智能化，进一步提高无标分析结果的准确性。

# 第八节　物理检测技术

食品的物理检验技术是根据食品的相对密度、折光率、旋光度等物理常数与食品的组成及含量之间的关系进行检验的方法，其可分两种类型。①食品的物理常数：根据相对密度、折光率、旋光度等与食品的组成及含量之间的关系进行检验的方法；②食品质量指标：食品的一些物理量如罐头的真空度、面包的比体积等可采用物理检验法直接测定。

## 一、酒精计

酒精计是一种测量酒类及酒精水溶液中无水酒精含量的计量器具。其根据酒精浓度不同，比重不同，浮体沉入酒液中排开酒液体积不同的原理而制造的。当酒精计放入酒液中时，酒的浓度越高，酒精计下沉也越多，比重也越小；反之，酒的浓度越低，酒精计下沉也越少，比重也越大。

酒精计结构简单，使用方便，在酿造行业、医药卫生、化工、轻工和质量检测部门中应用广泛。特别在酒类检测中酒精度的测量是一个重要指标，直接影响到酒的质量和数量，关系到人民的切身利益。

## 二、糖度计

糖度计是用于快速测定含糖溶液以及其他非糖溶液的浓度或折射率。广泛应用于制糖、食品、饮料等工业部门及农业生产和科研中。适用于酱油、番茄酱等各种酱类（调味料）产品的浓度测量；果酱、糖稀、液糖等含糖分较多产品的糖度测量；果汁、清凉饮料及碳酸饮料的生产线，品质管理，发货前检验。水果从种植至销售的过程中，糖度计可以测定准确的收采时期，便于作甜度分级分类。此外，糖度计在纺织工业浆料的浓度测定也获得普遍的应用。

其设计原理是：光线从一种介质进入另一种介质时会产生折射现象，且入射角正弦之比恒为定值，此比值称为折光率。果蔬汁液中可溶性固形物含量与折光率在一定条件下（同一温度、压力）成正比例，故测定果蔬汁液的折光率，可求出果蔬汁液的浓度（含糖量多少）。常用仪器是手持式折光仪，也称糖镜、手持式糖度计，通过测定果蔬可溶性固形物含量（含糖量），可了解果蔬的品质，估计果实的成熟度。手持糖度计一般是圆柱形的，将待测的糖液放入后面可打开的槽中，抹均匀，关上盖子，然后将糖度计对着光，从前面的孔中看，就可以进行读数测定。

# 第九节  其他检测技术

伴随着科技进步和多学科技术的交叉应用，综合分子生物学、电化学、免疫学、酶技术、光谱技术、比色技术等技术的新产品也已经面世。如微生物检测系统、便携式色谱质谱联用仪。此外，有些设备也不断向便携和快速等方向发展，如便携式气相色谱仪。

## 一、微生物检测系统

微生物常规检验大多通过培养基培养目标微生物，然后利用肉眼或放大镜观察计数的方式，来确定食品是否受到此微生物的污染。常规检查手段由于步骤繁杂，判断指标一般都需要肉眼观察，因此检查时间较长，少则 2~3 天，多至数周，才能确定。由于传统方法存在着弊端，因此研发出多种新型的快速检测方法，集合多种技术的快速检测方法得到发展和应用。如德国皇家微生物检测系统（图 4-15），集培养皿法、酶法（β-葡萄糖苷酸酶分析）、免疫法（抗原搜寻）、基因法（基因搜寻）等技术为一体，一步就能快速检测。

图 4-15　微生物检测系统

目前涵盖的项目有：活菌总数、大肠菌群、大肠埃希菌、肠道埃希菌科、金黄色葡萄球菌、绿脓杆菌、沙门菌、李斯特菌、肠球菌、产气荚膜梭菌、亚硫酸盐还原梭状芽孢杆菌、霉菌（曲霉属真菌、曲霉菌）、酵母菌、军团菌等。

## 二、便携式色谱质谱联用技术

车载的色谱-质谱联用仪主要由主机、顶空设备、采样探头和专用笔记本电脑 4 部分组成，它的优点是可以较快速的检测到极地的污染，并能分析污染物质的化学成分，而且与仪器相配套的笔记本电脑里还储存有 2000 种有害化合物的分析材料，可以针对检测的物质立即从电脑里调出相关的资料进行分析，选取处理方法。但目前主要依靠国外进口，且成本较高，所以应用并不广泛。如美国的 Torion 便携式气相色谱－质谱联用仪。

## 三、便携式气相色谱仪

由于传统的气相色谱仪体积大，同时需要配置钢瓶或气体发生器等辅助设配，使仪器不便携带，不能用于现场分析，使得便携式气相色谱的需求正逐渐增大。便携式气相色谱仪具备的机动、灵活性，能满足不同分析环境的要求，因而得到越来越广泛的应用。但根据抽样调查的不完全统计，目前国内便携式气相色谱仪市场大部分被国外品牌占领，国内该领域的品牌产品尚处于起步阶段，伴随着国内自主技术的成熟和市场宣传的推进，以及国内在环境、能源、石油、化工、食品、农药、安检等应急监测等领域的需求不断增长，预测在未来 3~5 年间会呈现快速发展。

## 四、离子迁移谱技术

离子迁移谱（Ion mobility spectrometry，IMS），又称等离子色谱，是一种气相环境下电泳技术。根据分析物分子质量、电荷和碰撞截面（即大小和形状）来分离和辨别分析物。基于该技术构建的仪器具有简单、轻便特性和突出的灵敏度，早在 20 世纪 70 年代 IMS 技术曾在分析检测领域引起广泛兴趣。最初 IMS 技术的研究和开发应用主要在环境监测领域和作为气相色谱检测器方面。但是，由于 IMS 理论不能很好地对利用类似气相色谱或质谱的理论加以解释，因此经过短暂的繁荣期以后，从 1974 年至 1979 年有关 IMS 的文章明显减少，该阶段 IMS 技术也基本处于停滞状态。在 20 世纪 80 年代中期，由于恐怖活动和毒品走私活动日益猖獗，迫切需要发展快速灵敏的检测系统用于爆炸物和毒品的现场检测，因此IMS 仪器和应用方面的研究又重新活跃起来，在过去的 20 多年里 IMS 技术有长足发展，并已经逐步成为目前最受分析界宠爱的一种技术手段，主要应用于挥发性有机化合物的分析，并且已经在军事和民用方面发挥重要作用，在机场和车站用于爆炸物和走私毒品的检测；进行化学毒剂的监测。最近，各种离子化技术的进步，又为 IMS 技术拓展其应用领域铺平道路。该技术通过与电喷雾离子化技术（electrosprayionization，ESI）和基质辅助激光解吸离子化技术（matrix-assistedlaser-desorptionionization，MALDI）开始在生物大分子分析、细菌病毒检测分类、药物有效成分分析、生物体代谢产物检测等方面显露出很好的应用前景。

# 第十节　展　　望

食品安全是一个非常重要的公共卫生问题，涉及人类的健康，已经引起社会各界的高度重视。政府机构应制定切实可行的食品安全法规政策，加强消费者的安全意识，倡导绿色消费。在当前的检测需要和技术条件下，单一检测技术都有其局限和缺点。优势互补、取长补短、综合应用是发展快速检测技术体系的必由之路，针对市场上不同的检测项目，选用最为适合的检测方法，以分光光度法、拉曼光谱法、红外光谱法等广谱的仪器分析法为基础，辅之化学比色法和免疫学法等专项应用较好的方法为补充，再加上不断研发出的新检测技术，能够最大程度从技术上解决食品安全快速检测领域所遇到的难题。而如何选好相应技术，用好相应技术，将检测方法和实际应用紧密联系在一起则是未来工作的重点，我们应持续关注并尝试去推动这一工作的进行（表 4-2）。

表 4-2  快速检测技术

| 检测技术 | | 前处理 | 检测过程 | 总测试时间 | 灵敏度 | 是否需要配备仪器 | 检测成本 | 操作人员要求 |
|---|---|---|---|---|---|---|---|---|
| 化学比色技术 | 检测试纸 | 简单 | 简单 | < 10min | 较低 | 根据需要可配 | 低 | 低 |
| | 检测试剂 | 简单 | 较简单 | < 20min | 一般 | 根据需要可配 | 较低 | 较低 |
| 免疫学检测技术 | 胶体金免疫层析技术 | 较简单 | 简单 | > 30min | 高 | 根据需要可配 | 较高 | 较低 |
| | 酶联免疫吸附技术 | 复杂 | 复杂 | > 30min | 高 | 需要 | 高 | 高 |
| 酶检测技术 | 生物酶显色技术 | 较简单 | 较简单 | < 10min | 一般 | 需要 | 较低 | 一般 |
| | 生物酶抑制技术 | 简单 | 简单 | < 20min | 较低 | 根据需要可配 | 低 | 低 |
| | ATP 生物发光检测技术 | 简单 | 简单 | < 5min | 一般 | 需要 | 较高 | 低 |
| 电化学分析技术 | | 较简单 | 较简单 | > 30min | 高 | 需要 | 较高 | 一般 |
| 分子生物学检测技术 | 荧光定量PCR 技术 | 复杂 | 复杂 | > 30min | 高 | 需要 | 高 | 高 |
| | 环介导等温扩增技术 | 复杂 | 较复杂 | > 30min | 高 | 需要 | 高 | 高 |
| | 实时荧光核酸恒温扩技术 | 复杂 | 较复杂 | > 30min | 高 | 需要 | 高 | 高 |
| 生物传感器检测技术 | | 较简单 | 简单 | < 5min | 低 | 需要 | 较高 | 一般 |
| 光谱检测技术 | 近红外光谱技术 | 较简单 | 简单 | < 5min | 低 | 需要 | 较低 | 高 |
| | 拉曼光谱分析技术 | 复杂 | 复杂 | > 30min | 高 | 需要 | 高 | 高 |
| | X 射线荧光光谱技术 | 简单 | 简单 | < 5min | 低 | 需要 | 高 | 较低 |
| 物理检测技术 | | 简单 | 简单 | < 5min | 低 | 需要 | 较低 | 一般 |
| 其他检测技术 | 微生物检测系统 | 简单 | 简单 | > 30min | 高 | 需要 | 高 | 低 |
| | 便携式色谱质谱联用技术 | 复杂 | 复杂 | > 30min | 高 | 需要 | 高 | 高 |

# 参考文献

[1] 张素霞. 食品安全快速检测技术研究 [J]. 中国食物与营养, 2008 (2): 12-15.

[2] 鲁满新. 现代检测技术在食品安全中的应用 [J]. 安徽农业科学, 2007, 35 (21): 6589-6590.

[3] 陈蓓蓓, 谢锋, 谭红. 食品安全快速检测技术平台的建立 [J]. 贵州科学, 2014, 32 (2): 69-73.

[4] 周焕英, 高志贤, 孙思明, 等. 食品安全现场快速检测技术研究进展及应用 [J]. 分析测试学报, 2008, 27 (7): 788-794.

[5] 张艳敏, 李志军. 食品安全快速检测技术研究进展 [J]. 食品工程, 2008 (8): 119-122.

[6] 师邱毅, 纪其雄, 许莉勇. 食品安全快速检测技术及应用. 北京: 化学工业出版社, 2010.

[7] 李书谦, 陈福生. 快速检测技术在食品安全检测中的应用 [J]. 质量监督与检验, 2007 (1): 24-28.

[8] 江迎鸿, 刘垚, 谭贵良, 等. LAMP 技术及其在食品安全检测中的应用 [J]. 广东农业科学, 2010 (7): 220-222.

[9] 刘燕德, 刘涛, 孙旭东, 等. 拉曼光谱技术在食品质量安全检测中的应用 [J]. 光谱学与光谱分析学, 2010, 30 (11): 3007-3012.

[10] 刘燕德, 万常斓, 孙旭东, 等. X 射线荧光光谱技术在重金属检测中的应用 [J]. 激光与红外, 2011, 41 (6): 605-611.

[11] 王鑫, 车振明, 黄韬睿, 等. 分子生物学方法在食品安全检测中的应用 [J]. 食品工程, 2007, (3): 7-10.

[12] 俞继梅. 电化学分析在食品安全中的应用 [J]. 江西化工, 2012, (4): 116-118.

[13] 熊强, 史纯珍, 刘钊. 食品微生物快速检测技术的研究进展 [J]. 食品与机械, 2009, 25 (5): 134-135.

[14] 王晶, 王林, 黄晓蓉. 食品安全快速检测技术. 北京: 化工工业出版社, 2002.

[15] 王林, 王晶, 周景洋. 食品安全快速检测技术手册. 北京: 化学工业出版社, 2008.

[16]  边振甲.药品快速检测技术的研究与应用·化药卷.北京:化学工业出版社,2013.

[17]  王秉栋.食品卫生检验手册.上海:上海科学技术出版社,2003.

[18]  唐晓敏,高志贤.基因芯片快速检测常见水中致病菌的初步应用研究[J].解放军预防医学杂志,2003,21(2):94-96.

[19]  田静,计融,杨军,等.PCR方法快速检测食品中的金黄色葡萄球菌[J].卫生研究,2007,36(2):183-186.

[20]  解立斌,黄建,霍军生.食品快速检测技术应用进展[J].国外医学:卫生学分册,2007,34(7):192-196.

[21]  周焕英,高志贤,崔晓亮.试纸法在食品、水质及其他快速检测中的应用[J].解放军预防医学杂志,2003,21(2):148-151.

[22]  谢婷婷,戚爱棣.有害残留物快速检测技术研究进展[J].中国卫生检验杂志,2010,20(4):936-938.

[23]  赵春艳.影响食品安全的致病菌快速检测技术研究进展[J].食品监管,西藏科技,2010,208(7):36-38.

[24]  遇晓杰,薛成玉.食品中5种致病菌多重PCR快速检测技术的建立与应用[J].中国食品卫生杂志,2009,5(21):398-400.

[25]  王蔚芳,李青梅,郭军庆.胶体金免疫层析快速检测技术及其在水产养殖业中的应用前景[J].渔业科学进展,2010,31(3):114-117.

[26]  杨启勇,宫庆志.果蔬农药残留快速检测技术的研究与前景分析.农机化研究[J].2006,6(2):34-35.

[27]  张改平,职爱民,邓瑞广,等.兽药残留的免疫学快速检测技术概述.河南农业科学[J].2009,9:193-194.

[28]  王大勇,方震东.食源性致病菌快速检测技术研究进展[J].微生物学杂志,2009,929(5):27-30.

[29]  孙选,徐可欣,艾长胜.牛乳主要成分浓度超声快速检测技术[J].食品科学,2006,12:191-192.

[30]  张敬平,吴家林,肖勇,等.沙门菌、志贺菌和副溶血性弧菌的多重PCR快速检测技术的建立与应用[J].检验医学,2008,23(6):642-643.

[31] 吴迎春，聂峰．水果蔬菜中有机磷农药残留的快速检测技术研究 [J]．陕西理工学院学报，2009，25（3）：72-75.

[32] 王兴华，曹彦波，马隽，等．农产品品质与安全快速检测技术的进展 [J]．现代科学仪器，2006，1：122-123.

[33] 闫雪，姚卫蓉，钱和．国内外食品微生物快速检测技术应用进展 [J]．食品科学，2005，26（6）：269-270.

[34] 李刚，陈强，赵建龙．离子迁移谱技术及其在生命分析化学中应用 [J]．现代仪器，2006，02 期（02）：31-34.

[35] 李静，李臻峰，宋飞虎，等．电子鼻在食品领域的应用 [J]．安徽农业科学，2014，25 期：8747-8748.

[36] 史志存，李建平．电子鼻在食品工业中的应用 [J]．食品科技，2000，第 3 期（3）：15-17.

# 第五章　快检技术的选择和应用

## 第一节　快检产品现状

食品快速检测技术经过十多年的发展，在各级政府关怀下，众多科研机构和快检生产企业地不断努力下，涌现出大量检测速度快、靶向性高、操作方便的快速检测产品。全国农业系统、食药系统、原工商流通系统都陆续配备了部分快检产品作为基层执法装备，在保障食品安全中发挥着重要的作用。另外，全国教育系统、大型企业、餐饮机构、农贸市场等诸多单位也陆续自觉建立以快检技术为依托的食品安全检测实验室，保障了一方卫生安全。

但是，由于快检行业没有准入门槛，在近几年的快速发展下，各生产企业实力良莠不齐。据了解，全国与快检技术相关的企业有 300 多家，近一半以上的企业并不具备研发及生产能力，多为贴牌加工的产业模式。在市场竞争激烈的情况下，部分企业不惜降低生产和售后服务成本，以次充好，导致产品质量无法保证。这也导致相关政府部门和专家对快检技术缺乏信任，从而阻碍了快检技术的良性发展。

所以如何选择满足自身使用要求且性价比高的快检产品成了相关执法部门和企业关注的一个问题。

# 第二节 选择快检产品的误区

近年在各地政府执法部门和企业用户都存在买了快检产品但实际很少使用的情况，这其中有政策因素、人员因素，但也有购买的快检设备可能不切合其实际实用要求的因素。

部分快检企业在产品推广过程中，夸大产品功能，对快检产品存在的问题却避而不谈。用户在选择产品的时候，会因对快检技术的不了解和把握不住自身的使用要求，而出现选择上的误区。

## 一、追求单一产品全能

部分企业为了增加卖点，过分夸大某个具体快检产品的检测项目。如分光光度平台的仪器利用显色反应的原理检测非法添加类物质，在市场上出现了五十合一甚至于六十合一的仪器（检测项目），但由于其分光光度法本身的局限性，很难保证50-60个检测项目都能达到相关标准的要求。而且部分检测项目如酸性橙、安赛蜜等根本无法利用分光光度的平台进行检测。

## 二、忽视仪器的实用性

以食品安全分析仪为例，市场上出现36通道、48通道，甚至于48+2通道的畸形产品。即使由专业人员操作，也很难同时用到这么多通道数，基层的非专业人员操作更难达到标准。

还有些采购招标中，用户以屏幕大小、接口多少等指标来要求生产厂家。而这些指标都不是仪器的主要功能，用户真正关心的应该是仪器与试剂的匹配度、各个检测项目的操作简便性和准确性。

### 三、盲目追求高大上

快检产品种类繁多，同样的检测项目，如甲醛、亚硝酸盐、二氧化硫、过氧化氢、食用油酸价、过氧化值、陈化大米、瘦肉精、呋喃类、孔雀石绿等既可以选择常规的手工试剂盒，也可以选择快检仪器。纯手工试剂盒操作简便、价格实惠，如果无数据上传的要求，尽量避免选择快检仪器，尤其是功能多、价格贵的仪器。

仪器检测相比于手工试剂盒也有优点，比如检测精度会更高，检测数据可以直接打印、保存、上传和分析统计等。用户应该结合自身的资金、基层的实际需求等情况，进行合理地选择。

### 四、忽视产品检出限

在重金属检测快检产品的选择上，有一些用户从成本考虑而选用分光技术平台的产品。但分光技术的产品检测重金属其检测限远高于国家标准的限量要求，从而使这一快检产品的采购没有意义。而选择用电化学平台产品，其检测精度不仅可以满足国家标准的要求，其成本虽然比分光平台高一些，但相对于原子吸收等大型分析仪器，则是可以普及使用的快检产品。

# 第三节  快检技术的选择

选择合适的快检产品，关键的是要了解产品本身的技术平台。在选对技术平台的基础上对比仪器参数指标和价格就有了实际意义。

### 一、农药残留快速检测技术

目前国内外常见的快速检测方法有化学速测法、免疫分析法、酶抑制法和活体检测法等。

现在国内农残快速检测产品大部分都是使用酶抑制法来对有机磷和氨基甲酸酯类农药进行检测，因其简单、快速、易操作、结果准确而受到广大用户的欢迎。根据国标 GB/T5009.199-2003，农残快速检测方法分为纸片法和分光光度法，这两种方法各有特点及其自身优缺点。

纸片法不需要使用仪器、特定的化学试剂和专业检测人员，不会对环境造成污染，其结果通过纸片的颜色变化来判断样品是否为阳性，所以纸片法非常适合基层检验人员和家庭使用。分光光度法则需要用专门的检测仪器、试剂以及有一定实验基础的人员完成样品检测。其优点是检测农药的灵敏度高，检测结果可以通过仪器进行打印，也可以连通电脑进行数据上传或者实时监控。分光光度法更适合于检测站点的快速检测。

这两种方法对应的产品有：农药速测卡、农药速测试剂、高灵敏度农药速测卡、茶叶农药速测卡、粮食农药速测卡、桑蚕农药速测卡以及烟叶农药速测卡等。国内能够自主生产这些产品的厂家不多，各厂家之间的产品也略有不同，主要是操作方法、试剂用量及稳定性等方面的差异，以及产品本身对各农药的检出限不同。最终应以整体灵敏度和稳定性决定产品质量优劣。

目前，市面上出现了智能型农残读卡仪产品，其运用先进的比色分析技术，精确的检测试纸验收变化，检测结果以抑制率表示，避免肉眼识别误差。新型农残卡含有塑料卡盒，卡上设有加样孔及观察孔，只需一步，将样品液加到加样孔，插入仪器反应后，仪器即可在观察孔直接检测结果。这个产品结合了纸片法操作简便的优点和仪器判断可上传打印、避免人为修改结果的优点。

一些机构在研发用酶联免疫方法来检测农药残留，这种方法可以针对单一农药进行检测，相比于酶试剂法检测更加明确。另外还有少量产品针对拟除虫菊酯类进行快速检测。拟除虫菊酯类农药由于极难溶于水增加样品提取及产品研发的难度。目前对这方面农药检测比较简单易行是通过化学法检测，观察颜色的变化来判断检测结果是否为阳性。主要的检测产品有菊酯类农残速测试剂盒。也有用酶联免疫方法来检测菊酯类的产品，但是检测效果还不太好。胶体金方法由于因其单一检测和较低的检出限，预计会应用于越来越多的检测领域。

## 二、药物残留快速检测技术

针对种类繁多的兽药残留，快速测定方法主要为酶免疫法（ELISA）和胶体金免疫测定法。酶联免疫法检测需要专业检验人员并配备酶标仪进行操作，因此这种检测适合于比较专业的检测实验室，而不太适合于基层的快速抽检。ELISA 法既可以做定量检测，也可以做定性检测，其灵活性受到广大检测人士的青睐。

另外一种检测方法是胶体金免疫测定法，该方法灵敏度高，操作快速方便，适用于基层快检。市场上兽药残留类胶体金卡的分类包括：抗生素类检测产品（链霉素检测卡、庆大霉素检测卡、青霉素检测卡、土霉素检测卡、金霉素检测卡、氯霉素检测卡、林可霉素检测卡，磺胺类检测卡，硝基呋喃类检测卡，喹诺酮类检测卡等）、激素类检测产品（雌二醇检测卡、己烯雌酚检测卡等）、抗寄生虫及抗真菌类检测产品（孔雀石绿检测卡等）。检测卡产品优劣性取决于抗体、胶体金的制作工艺以及基材，当这些条件都是优良的情况下，胶体金产品性能才发挥到最大值。同时由于胶体金卡技术成熟，也出现了阅读胶体金卡的仪器，这种仪器可代替人眼来观察检测线出现的情况，有些仪器还可以根据颜色深浅来大致确定被检测物的浓度。

## 三、添加剂及非食用物质快速检测技术

食品中添加剂及非食用物质快速检测常用方法有：目视比色法、分光光度法、纸层析法、纸片法等。各检测方法都有其自身优劣势。

## （一）目视比色法

目视比色法包括湿化学法和干化学法，这种方法的优势在于操作简单，没有操作场地的限制，容易判断；同样也有劣势的一面，由于颜色是通过肉眼来进行判断，所以会产生主观上的误差，另外样品浸泡后颜色比较深会产生颜色上的干扰，影响结果的判断。此类产品无需辅助仪器，检测限和准确性不及分光光度等法，适用于基层执法人员现场对待检测食品进行初筛。

## （二）分光光度法

此法是目前检测非法添加类食品安全问题的主要检测方法。仪器在出厂前已内置好检测项目的标准曲线，用户无需自行建立，仅需按照仪器配套试剂盒的说明书按步骤进行样品处理和样品检测，将反应后的样品液放入仪器中，仪器会自动读出浓度值。

用于食品快检的分光光度类仪器，分为台式机和手持式两类，各有优势。台式机通道数多，可以满足一次检测多个样品，功能相对手持机更全面，适合快检室和快检车使用。手持式检测仪比较小巧，并且配有内置锂电池，便于携带，方便执法人员带到抽样现场使用，可检测一些前处理过程相对简单，无需过多辅助设备的项目。

## （三）纸层析法

纸层析技术主要应用于有机物的检测，如苏丹红，其检测产品有苏丹红快速检测盒等。

## （四）胶体金技术

市面上开始出现利用胶体金技术检测食品添加剂的产品，例如柠檬黄胶体金卡等，不过种类较少，还未普及。

## 四、微生物快速检测技术

传统的微生物检验方法是培养分离法，这种依靠培养基进行培养，分离及生化鉴定的方法，既费时费力，操作又繁杂。现行的微生物快速检测方法融合了微生物学、分子化学、生物化学、生物物理学、免疫学、血清学等方面的知识对微生物进行分离、检测、鉴定和计数，与传统方法比较，更快、更方便、更灵敏。目前常见的微生物快速检测方法包括显色培养基法、测试片法、检测板法、胶体金法、基因芯片法和综合技术等。下面将介绍各种方法的优缺点以及适应对象。

### （一）显色培养基法

优点：显色培养基将微生物的分离与鉴定合二为一，省时省力、操作方便、敏感性和特异性较高，特别是能与常规检测方法较好的接轨。

缺点：检测混合感染的微生物时，会出现一定比例的假阳性或假阴性。

此种方法适用于建立微生物实验室的基层食品饮料加工厂，以及各级食品监督机构。

应用：细菌总数显色培养基，大肠菌群显色培养基，金黄色葡萄球菌显色培养基和霉菌酵母菌显色培养基等。

### （二）测试片法

测试片法是一项检测新方法，最大优点是无需繁重的准备工作，检样不需要增菌，直接接种纸片，适宜温度培养后计数，使用后经灭菌便可弃之。优点：快速准确，可实现15~24小时出检验结果；操作简单，真正实现一步法操作。此种方法适于设备不足的基层实验室和现场即时检验。

以前大多测试片依靠进口，成本较高。目前国内也有生产测试片厂家，技术成熟，成本降低很多。

应用：菌落总数测试片，大肠菌群测试片，沙门菌测试片，金黄色葡萄球菌测试片，餐具大肠菌群检验纸片，水质大肠菌群检验纸片等等。

## （三）检测板法

检测板是一种预先制备好的一次性培养基产品，检测板法是测试片法的升级，具有无需繁重的准备工作，检样不需要增菌，直接接种检测板，适宜温度培养后计数，使用后经灭菌便可弃之的优点。除了具备测试片的全部优点外，检测板的检测限比测试片更低。与纸片法相比，培养基是透明的，所以不存在菌落漏数的情况，结果更加准确。此种方法同样适于设备不足的基层实验室和现场即时检验。

应用：菌落总数检测板，霉菌酵母菌检测板，粪链球菌检测板，金黄色葡萄球菌检测板，大肠菌群检测板，沙门菌检测板和李斯特菌检测板等。

## （四）胶体金法

胶体金免疫分析，也称胶体金试纸条法。优点：是特异性高，灵敏度较高，对于现场初筛有较好应用前景。缺点：是由于抗原抗体专一性，针对每种待测物都要建立专门的检测试剂和方法，为此方法的普及带来难度，成本也相对较高，检测限比较高，所以目前为止在食品安全快检领域应用不多。

应用：金黄色葡萄球菌快速检测卡 30 分钟可检测速冻面食制品、冻肉中的金黄色葡萄球菌；沙门菌检测卡。

## （五）基因芯片法

基因芯片技术是近年来分子生物学及医学诊断技术的重要进展，优点：高度的并行性、多样化、微型化和自动化。与传统方法相比，生物芯片在疾病检测诊断方面具有独特的优势，它可以在一张芯片同时对多个患者进行多种疾病的检测。缺点：高通量微生物测定系统，价格在 100 万以上。此种方法适用于大量样本同时检测，较短时间出结果，具有一定资金能力的单位。

应用：目前一般是进口的高通量微生物测定系统。

## （六）MBS 检测技术

MBS 检测技术是来自意大利的专利技术，综合运用培养皿法、酶法、免疫法、基因法的微生物检测仪。基因技术的应用保证了仪器的检测精度,使检测特异性更高,杜绝了假阳性结果的出现。免疫技术的应用提升了仪器抗干扰能力,使检测结果准确性不受样本 pH 值、色泽及浊度的干扰。检测试剂瓶可配合恒温箱单独使用,通过肉眼观察试剂瓶的变色情况,进行微生物定性或半定量的检测,也可以使用专用的微生物检测仪器,实现从恒温培养到读取检测结果的一键式操作。优点:操作简单,无需样本前处理,三步完成检测,无需专业检测人员;灭菌一步到位;精确度高,可检测 1 个菌落;检测迅速:速度比传统方法提升 2~20 倍。如果单独使用试剂瓶,成本较低,但如需半定量判断,需要人工时刻查看变色时间,不太方便;如果使用仪器可实现自动恒温培养自动检测,无需人工照看。缺点:使用仪器价格较高。

该方法适用于微生物相关研究机构、具有一定技术实力的食品及饮料企业、区县级以上食品监督机构。

## 五、重金属快速检测技术

### (一)紫外-可见分光光度法

这是一种成本较低的检测方法,许多离子均可用紫外-可见分光光度法进行测定。该方法简单易行,但不足之处在于:

1. 须通过化学的方法将重金属离子转变为能够吸收光谱的物质,操作繁琐,且有些重金属离子的显色剂不易得到,同时还会受附带物的干扰。

2. 灵敏度不高,检测下限约为 0.1 ~ 2 mg/L,无法达到国标规定的检测要求,选择性较差。

### (二)电化学法

具有检测速度快、灵敏度高、选择性好、所需试样量少、能多元素识别及易于控制等优点。但是由于溶出伏安法检测重金属试验中打磨电极对检测结果影响很大,所以对操作人员的专业性有一定要求。

### （三）X 射线荧光光谱法

X 射线荧光光谱法是利用样品对 X 射线的吸收来定性或定量测定样品成分的一种方法。它具有分析迅速、样品前处理简单、可分析元素范围广、谱线简单、光谱干扰少、试样形态多样性及测定的非破坏性等特点。但是 X 射线荧光光谱法也有其不足之处，对标准试样的要求很严格，而且分析的灵敏度还达不到一般食品重金属残留的国标限量要求。由于重金属的检测方法前处理比较复杂，不适合现场检测，虽然此种方法灵敏度较低，但基于其前处理简单和非破坏性等特点，可用于现场初筛，将超标严重，对人体危害较严重的样品可快速筛选出来。

### （四）胶体金法

胶体金法检测重金属的产品种类不多，而且该法对样品 PH 要求较严格，固体样品前处理较复杂，适合检测水样或液体样品。优点：操作简单方便，出结果快。

表 5-1　快检技术选择查询表

| 检测种类 | 易出现问题的食品 | 检测技术 | 优缺点分析 | | 选择原则 | 选择指数及建议 |
|---|---|---|---|---|---|---|
| | | | 优点 | 缺点 | | |
| 有机磷及氨基甲酸酯类农药残留 | 蔬菜、水果、粮食 | 纸片法（检测卡片） | 操作简单，无需任何前处理，成本较低 | 仅能定性分析，检出限没有酶抑制率法高，不能检测样品中各单一项目的浓度 | 1. 基本监测单位、食堂、超市、农贸市场等 2. 适合执法人员现场快速检测 | 选择指数：★★★★★ 建议：技术成熟，基层首选 |
| | | 比色分析技术 | 新型检测卡，精确地检测试纸颜色变化，检测结果以抑制率显示 | / | 1. 基本监测单位、食堂、超市、农贸市场等 2. 适合执法人员现场快速检测 | 1. 选择指数：★★★★★ 2. 建议：技术成熟，基层及快检实验室、快检车首选 |

| 检测种类 | 易出现问题的食品 | 检测技术 | 优缺点分析 | | 选择原则 | 选择指数及建议 |
|---|---|---|---|---|---|---|
| | | | 优点 | 缺点 | | |
| 有机磷及氨基甲酸酯类农药残留 | 蔬菜、水果、粮食 | 酶抑制率法 | 较纸片法灵敏度高，可得出抑制率结果 | 试剂盒需冷藏保存，不能检测样品中各单一项目的浓度 | 1. 各级执法单位、学校、食堂、超市、农贸市场 2. 需要将检测结果上传到监管系统 3. 对结果准确性要求较高 | 1. 选择指数：★★★★★ 2. 建议：技术成熟，基层及快检实验室、快检车首选 |
| | | 胶体金法 | 结果判读简单，可定性检测单一农残项目 | 市面上种类较少 | 1. 供港蔬菜基地 2. 需要了解单一农药是否超标的情况下 | 选择指数：★★★ |
| 菊酯类农药残留 | 蔬菜、水果、粮食 | 分光光度法 | 灵敏度高，显色明显，结果容易观察，可检测菊酯类农药综合毒性，可配合仪器使用，实现结果上传 | 不能检测样品中各单一项目的浓度 | 1. 基本监测单位、食堂、超市、农贸市场等 2. 适合执法人员现场快速检测 3. 结果需上传 | 选择指数：★★★★★ |
| | | 层析法 | 准确性高，可检测单一农药浓度 | 需要配备仪器，检测时间长，操作非常复杂 | 1. 适合有一定设备和专业的执法人员快速检测 | 选择指数：★★ |
| | | 胶体金法 | 操作方便 | 灵敏度低，可检测农药种类少 | 家庭用户监测 | 选择指数：★★ |
| 微生物（菌落总数、霉菌酵母菌、粪链球菌、金黄色葡萄球菌、大肠菌群、沙门菌、李斯特菌等项目） | 各类食品及食品原料 | 测试片/板 | 无需严格无菌环境，检测时间较传统方法短，操作相对简单 | 检测后，需要进行灭菌处理 | 1. 无硬性规定按国标方法检测 2. 预算较低 3. 没有充足检测人员 | 选择指数：★★★★ |
| | | 显色培养基 | 检测周期较国标法少，前期和后期准备简单，结果容易判断 | 检测混合感染的微生物时存在假阳性、假阴性；需要专业技术人员和严格无菌环境 | 1. 作为国标方法的一部分 2. 有相应的实验设备，用于初筛或企业内控 | 选择指数：★★★★★ |
| | | 检测仪器 | 操作简单，无需专业技术人员，无需严格无菌环境 | 检测成本高 | 1. 预算充足，无专业人员 2. 结果需上传 | 选择指数：★★★★ |

| 检测种类 | 易出现问题的食品 | 检测技术 | 优缺点分析 | | 选择原则 | 选择指数及建议 |
|---|---|---|---|---|---|---|
| | | | 优点 | 缺点 | | |
| 药物残留（瘦肉精、三聚氰胺、庆大霉素、氯霉素、林可霉素、磺胺类、呋喃类、喹诺酮类、激素类、孔雀石绿等项目） | 肉类、水产、乳及乳制品 | 胶体金法 | 操作简单，结果易判读，无需配套仪器使用 | 仅定性结果，灵敏度没有ELISA方法高 | 1. 药物残留检测常用方法，实验室和现场检测均适用 2. 液体样品首选检测方法，无需复杂前处理，适合现场检测 3. 固体样品建议在实验室中进行 | 选择指数：★★★★★ |
| | | ELISA法 | 可定量检测，灵敏度和灵敏度高 | 需配套仪器读数，检测用时较长，操作专业性要求较高 | 1. 由于仪器价格较高，适合市级以上监管部门使用 2. 需得到准确定量结果时使用 3. 胶体金法灵敏度达不到要求时使用 | 选择指数：★★★ |
| 非法添加类（甲醛、亚硝酸盐、二氧化硫、过氧化氢、吊白块、明矾、硼砂等项目） | 干货、水产品等 | 比色法 | 检测化学类非法添加的常用方法，操作简单，无需专业技术人员 | 灵敏度低，易受待测物质颜色干扰，仅定性及半定量结果 | 1. 适合基层监管部门现场检测 2. 某些不得添加的物质，仅需了解是否有添加时 | 选择指数：★★★★★ 建议：手工试剂盒，傻瓜式操作，基层首选。 |
| | | 分光光度法 | 检出限相对比色法较低，操作简单，是最常见的检测方法 | 由于食品种类繁多，所以不同食品自身物质或颜色会产生干扰；需配合仪器使用 | 1. 配合台式仪器适合在实验室中使用， 2. 配合手持式仪器适合在现场进行抽检。 3. 适合本地颜色干扰较小的样品检测。 | 选择指数：★★★★★ |
| 重金属（铅、砷、汞、镉、铬等项目） | 粮食、海产品、瓜果、蔬菜等 | 分光光度法 | 成本低、操作简单 | 准确性差、检出限高 | | 选择指数：★★★ |

续　表

| 检测种类 | 易出现问题的食品 | 检测技术 | 优缺点分析 | | 选择原则 | 选择指数及建议 |
| --- | --- | --- | --- | --- | --- | --- |
| | | | 优点 | 缺点 | | |
| 重金属（铅、砷、汞、镉、铬等项目） | 粮食、海产品、瓜果、蔬菜等 | 电化学法 | 灵敏度较高，检测时间短 | 需专业技术人员 | 1. 对检出限要求较高时<br>2. 目前电化学法检测重金属镉较成熟 | 选择指数：★★★★★ |
| | | X射线荧光法 | 操作简单，方便快捷，适合现场检测 | 灵敏度较低 | 1. 现场快速检测<br>2. 对检出限要求不高时 | 选择指数：★★ |
| | | 胶体金方法 | 操作简单、结果易判断、准确性高 | 检测种类较少、只能定性判读 | 1. 液体样品检测<br>2. 现场快速检测 | 选择指数：★★★★ |

备注：选择指数按 5 星为最高计。

# 第六章　食用农产品批发市场检测室建设与运营

　　在中国，食用农产品既是食品的最主要原材料，又在食品种类中占据了最大的份额。食用农产品批发市场是为食用农产品集中交易提供场所的实体市场，是农产品流通体系的核心环节。我国"小农户、大市场"的矛盾导致了在众多的小农户和巨大的市场之间，需要一个庞大的流通体系来完成生鲜农产品的集散功能。当前食品安全成为从中央到地方的关注热点，抓住农批市场成为各地食品安全监管工作的重点。

　　《新食品安全法》第六十四条：食用农产品批发市场应当配备检验设备和检验人员或者委托符合本法规定的食品检验机构，对进入该批发市场销售的食用农产品进行抽样检验；发现不符合食品安全标准的，应当要求销售者立即停止销售，并向食品药品监督管理部门报告。将食用农产品批发市场的食品安全检测工作单独用条文予以规定，可见食品安全法对食用农产品及农批市场安全检测工作的高度重视。

　　农批市场建立检测室及配备检验设备，必然是选择简单易操作、检测时间短、检测成本低的快检技术。快检检测室的建设，为农批市场对所有入场农产品，实行每批次检测提供必要的技术支撑。配合严格的管理执法和相关溯源手段，农批市场就可以成为城市食品安全工作的关键节点。以农批市场为原点，把食品安全监管的威慑力向农产品的生产环节传播，以此形成食用农产品从生产到经营重视食品安全的良性传播链条。

快检检测室相对于传统的实验室比较简单，一般的农批市场、农贸市场、超市完全有条件建立符合快检技术要求、本市场抽检要求、当地监管部门要求的检测室。当然检测室的建设还是需要有一定的条件，满足基本的要求。

# 第一节　检测室建设的基本要求

## 一、场地

检测室应与周边隔离，面积适宜不低于 10 平方米，划分检测区和办公区。设置在市场的显要位置，并有明显的标识。

## 二、装修及基本设施

（1）检测区应当安装空调、通风排气扇。温、湿度应当满足快速检测工作要求。

（2）配备防火、防水、防腐蚀、耐热及易清洗的快速检测实验台，安装足够的水嘴、清洗水槽和供排水管路。

（3）检测室检测设备确保用电安全，建议铺设专用线路，不与照明共用，并设置电源总开关；检测操作台上方20cm处每隔1m安装一个多功能插座。

（4）办公区配备电脑、打印机、传真等必要的办公、通信设施。

# 第二节　管理规范

一、机构设置：市场开办方应设立食品安全检测和管理部门。

二、制度上墙：检测室应制定相关管理制度，并上墙公示。

三、人员管理：

（1）明确快检室负责人，根据辖区批发市场监管任务配备至少1名专职检测人员，检测人员应持证上岗。

（2）快检室负责人及专业检测人员接受有关法律法规和专业技术培训，熟悉食用农产品质量安全标准、样品采集要求和检测方法标准。

（3）检测人员掌握快检仪器方法原理、操作技能、标准程序、质量控制要求、安全防护知识、计量和数据处理知识。

（4）建立快速检测人员技术档案，记录其技术能力、教育资质、培训经历等信息，并及时更新。

# 第三节　检测设备配置

市场开办方应结合自身特点，配置与市场类型相符合的检测设备和辅助设备。检测设备按要求保管，并定期维护。食品安全检测试剂应按相应储存要求储存，且确保在保质期内使用。食品安全检测设备要求检测项目应不少于8种。

市场开办方应根据不同季节特点、当地食品存在的突出问题以及节假日市场交易等情况制定相应的季度（或月）检测计划，并且要配合当地监管部门的监管要求。主要做好农药残留、甲醛、吊白块、二氧化硫、亚硝酸盐、过氧化氢、硼砂等污染物检测，批发市场还应根据实际需要开展兽药、抗生素、有害重金属及其他污染物残留的检测。其中，非农残检测项目应大于30%。

## 一、检测设备及项目

表 6-1　食用农产品检测设备及项目

| 序号 | 仪器类型 | 检验项目 | 批发市场类型 |
|---|---|---|---|
| 1 | 农药残留快速检测仪 | 农业部 199 号公告规定的国家明令禁止使用的农药，和蔬菜、果树、茶叶、中草药材中不得使用和限制使用的农药 | 从事蔬菜、水果交易的批发市场 |
| 2 | 兽药残留快速检测仪或瘦肉精快速检测仪等专用快速检测仪 | 农业部 193 号公告规定的食品动物禁用的兽药及其他化合物（孔雀石绿、硝基呋喃、磺胺类等） | 从事水产品、畜禽产品交易的批发市场 |
| 3 | 多功能食品安全快速检测仪 | 包括但不限于：适用预包装食品、现场制售食品等各类食品中甲醛、过氧化氢、二氧化硫、亚硝酸盐、硝酸盐、蛋白质、吊白块、硼砂、酱油氨基酸态氮、食用油中过氧化值和酸价、甲醇、过氧化苯甲酰等非食用物质或营养、质量指标(最少 8 个) | 从事综合食品交易的批发市场 |
| 4 | 食品安全检测箱 | 农药兽药残留、瘦肉精、肉类水分等 | 从事综合食品交易的批发市场 |

## 二、检测配套设备、配件及耗材

（1）配备与检测项目相配套的辅助设备如：检测工作台、电子台秤、粉碎机、可调式恒温水浴锅、超声波清洗器、连续可调式电炉、漩涡混合器、纯水机、冷藏柜等。

（2）配备与检测项目相配套的配件及耗材如：玻璃烧杯、锥形瓶、移液器、刻度吸管、吸头、吸头盒、称量纸、滤纸、比色管、吸管、洗瓶、漏斗、计时器、剪刀、试管刷、工具刀、手套、镊子、玻璃棒、注射器、微孔滤膜、量筒、容量瓶、提取瓶等。

（3）建立仪器设备档案，及时进行调试验收、维护保养、检定校准，并形成专门记录。

（4）购买检测配件及耗材应索取、保留凭证，并按照相关要求验收、保管和使用。

（5）快速检测设施设备应当专门用于食用农产品或食品快速检测工作，不得挪作他用或私自使用。

## 第四节　抽检要求

检测室应在每个工作日开展抽检检测工作。

农批市场对入场农产品实行批批检测，建议城区农贸市场每天检测样品 15 批次以上，农村农贸市场每天检测 10 批次以上。

（1）检测时间：农批市场和农贸市场应在交易高峰前进行。

（2）样品抽取：抽检采用随机方式，由抽样人员在市场入口、检测对象经营场所或仓库的食品中随机抽取规定数量的样品，当场进行封样编号，并由被检测对象签字确认。

（3）检测规范：样品检测由检测人员严格按照快速检测方法进行。

## 第五节　检测结果处理

（1）结果告知：检测人员应将检测结果及时告知被检测对象。

（2）对抽查检测结果阳性的，应当要求销售者立即停止销售，监督对市场开办者应与市场经营户的协议当场进行销毁或作无害化处理，并拍照留档。条件具备的情况下应书面通知上游供应商，及报告当地市场监管部门。

（3）经营者对检测结果有异议的，应在 4 小时内提出复检申请，由市场开办方通知当地市场监管部门依照法定程序抽样，送法定机构作法定检测。

（4）结果公示：应设立食品卫生知识宣传公示栏或用于公布检测结果的 LED 显示屏，建立食品安全公示制度。检测完毕将结果及时通过市场公示栏、电子屏幕等方式公示，便于消费者在选购食品时参考，接受社会监督。

（5）数据录入：农贸市场必须将每日的检测结果和后续处理数据录入到农贸市场综合信息平台等数据系统，并进行汇总分析。

（6）资料保管：检测工作中形成的数据资料、各项制度、检测仪器说明书、统计报表、计算机软件等相关文件要分门别类，指定专人登记，定期存档。对重要的数据、内部材料等未经审批，不得私自外借或复印。

# 第六节　检测室其他要求

检测室应符合消防、防盗、防灾等其他规定。

# 第七节　相关检测流程

## 一、蔬菜水果检测流程图

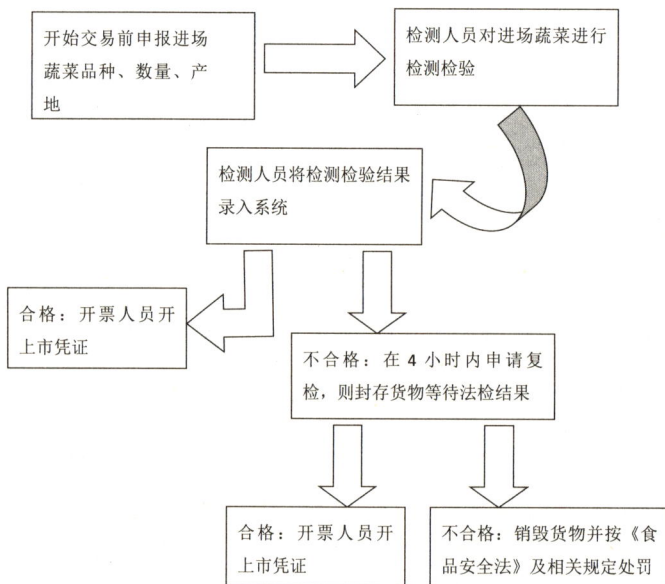

图 6-1　某农批综合市场蔬菜水果检测流程图

## 二、畜禽检疫检验流程图

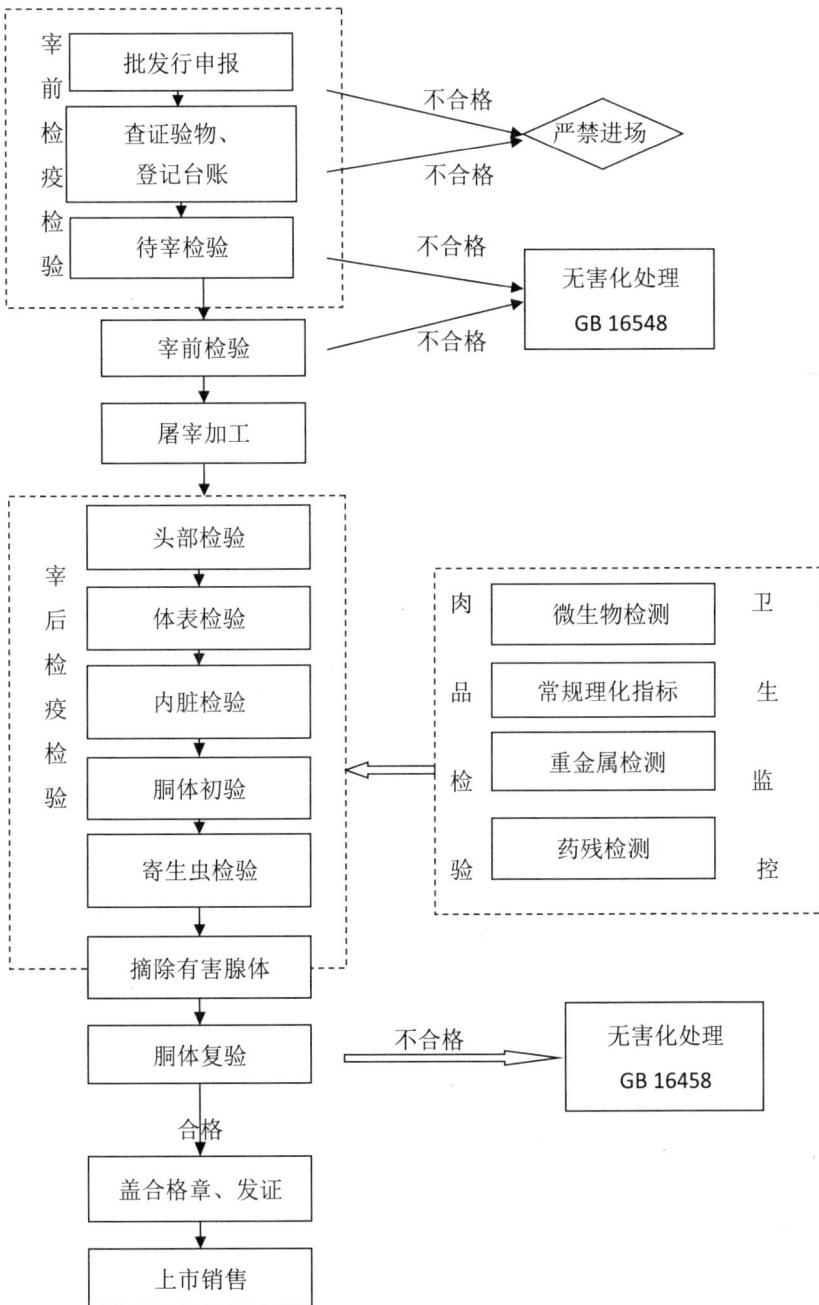

图 6-2  畜禽检疫检验流程图

## 三、批发市场家禽品质检疫检验流程图

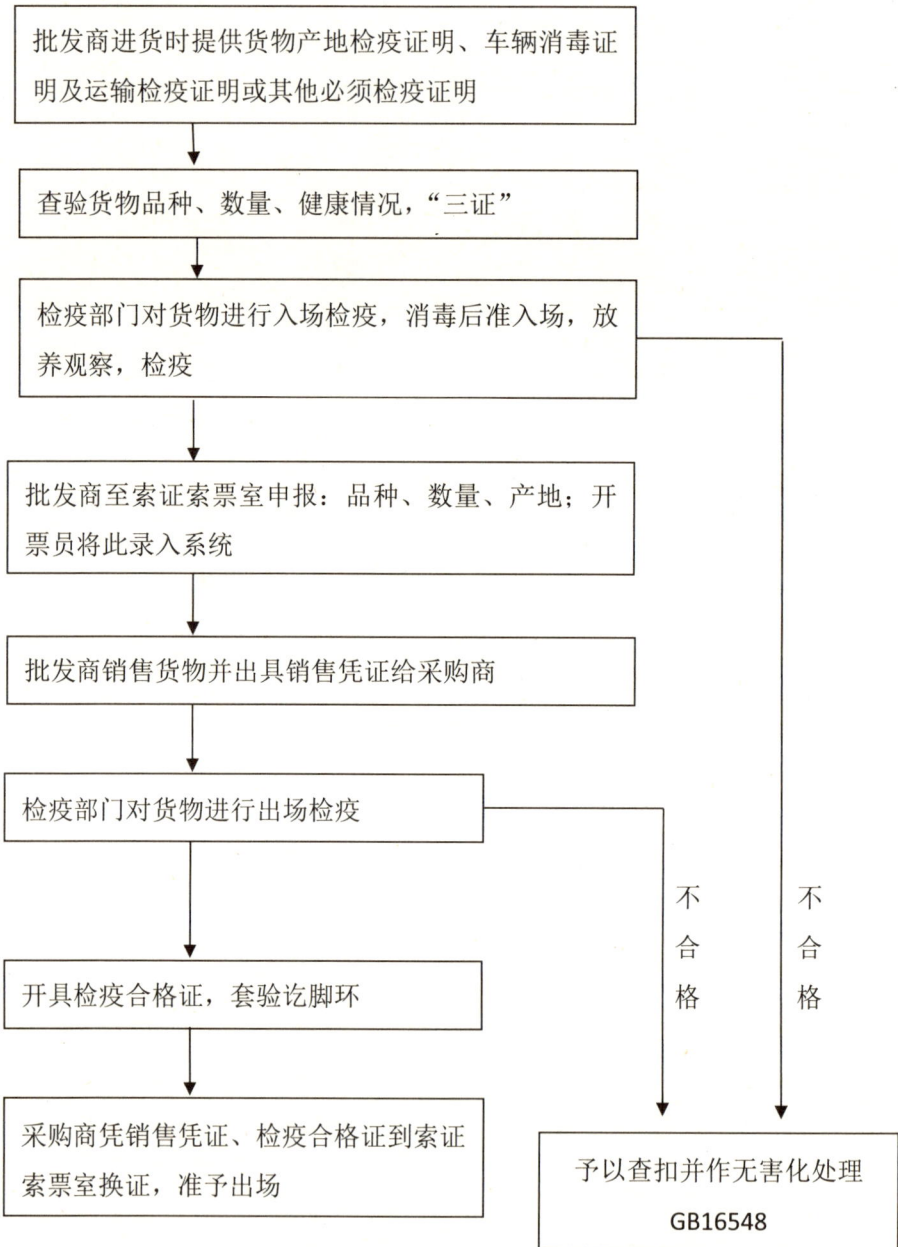

```
┌─────────────────────────────────────────┐
│ 批发商进货时提供货物产地检疫证明、车辆消毒证     │
│ 明及运输检疫证明或其他必须检疫证明             │
└─────────────────────────────────────────┘
                    ↓
┌─────────────────────────────────────────┐
│ 查验货物品种、数量、健康情况，"三证"           │
└─────────────────────────────────────────┘
                    ↓
┌─────────────────────────────────────────┐
│ 检疫部门对货物进行入场检疫，消毒后准入场，放     │
│ 养观察，检疫                                 │
└─────────────────────────────────────────┘
                    ↓
┌─────────────────────────────────────────┐
│ 批发商至索证索票室申报：品种、数量、产地；开     │
│ 票员将此录入系统                             │
└─────────────────────────────────────────┘
                    ↓
┌─────────────────────────────────────────┐
│ 批发商销售货物并出具销售凭证给采购商           │
└─────────────────────────────────────────┘
                    ↓
┌─────────────────────────────────────────┐
│ 检疫部门对货物进行出场检疫                     │
└─────────────────────────────────────────┘
                    ↓
┌─────────────────────────────────────────┐
│ 开具检疫合格证，套验讫脚环                     │
└─────────────────────────────────────────┘
                    ↓
┌─────────────────────────────────────────┐
│ 采购商凭销售凭证、检疫合格证到索证              │
│ 索票室换证，准予出场                          │
└─────────────────────────────────────────┘

不合格 → ┌─────────────────────────┐
不合格 → │ 予以查扣并作无害化处理      │
         │ GB16548                 │
         └─────────────────────────┘
```

图 6-3　批发市场家禽品质检疫检验流程图

## 四、批发市场水产品检验流程图

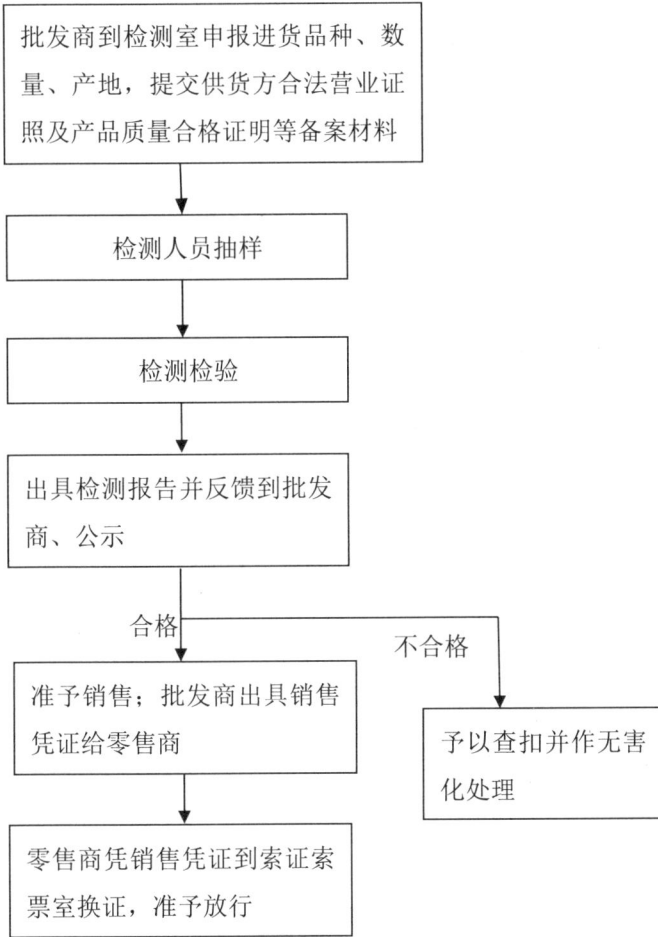

批发商到检测室申报进货品种、数量、产地，提交供货方合法营业证照及产品质量合格证明等备案材料

↓

检测人员抽样

↓

检测检验

↓

出具检测报告并反馈到批发商、公示

合格　　　　　　　　　　　　不合格

准予销售；批发商出具销售凭证给零售商　　　　予以查扣并作无害化处理

↓

零售商凭销售凭证到索证索票室换证，准予放行

图 6-4　批发市场水产品检验流程图

# 第八节　对食用农产品批发市场的监管

《食品安全法》和《农产品质量安全法》等相关法律法规，对食用农产品从市场准入原则、市场开办者和销售者的管理责任、各级食品药品监管部门的监督管理，依法建立食用农产品质量安全追溯制度等方面进行了

具体规定，是各级监管部门开展食用农产品流通监管的工作依据。

把食用农产品批发市场的监管作为食品安全监管工作的重要环节，严格市场准入、严把质量关口、提升监管效能，加快推进食用农产品质量安全体系建设，使销售者食品安全管理水平和守法诚信意识普遍增强，从而促进食用农产品质量安全总体水平的提升。

（一）食品药品监督管理部门，对市场销售食用农产品负有质量安全监督管理的职责；县级以上地方食品药品监督管理部门，负责对本行政区域市场销售的食用农产品质量安全进行监督管理的职责。

（二）县级以上地方食品药品监管部门的监管责任，是依法对进入批发、零售市场后的食用农产品质量安全实行监督管理，并公示监管人员信息。

（三）县级以上地方食品药品监管部门，履行对食用农产品市场开办者和销售者进行监督检查：

（1）对食用农产品销售场所进行现场检查。

（2）对食用农产品进行抽样检验。

（3）向当事人和其他有关人员调查了解与食用农产品销售活动和质量安全有关的情况。

（4）检查食用农产品销售者进货查验和查验记录落实情况，查阅、复制与食用农产品质量安全有关的记录、合同、发票及其他资料。

（5）对有证据证明不符合食品安全标准，或者存在安全隐患的食用农产品，有权查封、扣押、监督销毁。

（6）查封违法从事食用农产品销售的场所。

（四）县级以上地方食品药品监督管理部门，应建立辖区内食用农产品市场开办者和销售者信用档案，如实记录日常监督检查结果、违法行为查处和销售者停止经营等情况。对有不良信用记录的食品市场开办者和销售者增加监督检查频次，依法向社会公布并实时更新。

（五）县级以上食品药品监督管理部门，应将食用农产品监督抽检纳入年度抽检监测工作计划，对食用农产品进行定期或者不定期的抽样检验，并依据有关规定公布检验结果，不得免检。

（六）县级以上地方食品药品监管部门，可以采用国家规定的快速检测方法对食用农产品质量安全进行抽查检测。

快速检测结果表明可能不符合食品安全标准的食用农产品，应停止销售。被抽查人对快速检测结果有异议的，可以自收到检测结果时起4小时内复检申请。复检不得采用快速检测方法。

抽查检测结果确定有关食用农产品不符合食品安全标准的，可以作为行政处罚的依据。

（七）县级以上地方食品药品监管部门发现该禁止销售的食用农产品，应及时做信息通报；发现超出其管辖范围或涉及其他部门职责范围的食用农产品安全案件线索应及时书面通报，涉及犯罪应及时移送司法机关；在日常监督管理中发现食用农产品安全事故，或者接到有关食用农产品安全事故的举报，应对食品安全事故进行及时处理；积极受理投诉举报电话和其他方式的投诉举报，做好记录和存档工作。

# 第七章 快速检测人员上岗培训

本章节主要阐述食品快速检测人员的定义、条件、分工职责及培训考核的基本要求。

食品快速检测人员资历及工作职责暂没有成文规定，但因为《食品安全法》赋予基层快检的能力和要求，相关执行工作的人员，必须有一个参考标准去实施。所以，我们把最近一段时间的工作做了汇总和小结，并集成本章，供各位专家和基层部门参考。

## 第一节 定 义

本章所指食品快速检测人员是指利用物理、化学、生物化学等食品快速检测技术按照技术标准，如国际、国家食品卫生安全标准，对食用农产品原料、辅助材料、半成品、成品及副产品的安全指标进行检验，以确保产品安全合格的人员。

## 第二节 基本条件

从事食品快速检测工作的人员，应该具有下列条件之一：

（1）具有中专以上学历或者具有初级专业技术资格。

（2）从事过食品检验或者相关专业的检验工作。

（3）无以上条件人员，如需从事此类工作，需经过系统的培训，并考核合格后，才能持证上岗。

# 第三节　分类及工作职责

根据食品快速检测人员的工作性质、工作单位，目前食品快速检测人员大致可分为三类：政府基层监管单位快速检测人员、生产经营单位（如食品生产企业、食用农产品批发市场、超市等）快速检测人员及餐饮服务单位快速检测人员。

## 一、政府基层监管单位快速检测人员工作职责

（1）按照既定抽检计划对管辖范围内的食品进行抽样快速检测。

（2）及时掌握食品安全动态，实施突发性抽样快速检测。

（3）及时上报快速检测结果。

（4）根据快速检测结果按照相关规定进行处理。

（5）管辖范围内的食品生产经营单位、餐饮单位的快速检测人员的培训指导。

## 二、食品生产经营单位快速检测人员工作职责

### （一）食品生产单位快速检测人员工作职责

（1）严格按国家标准或企业标准逐批做好原料、半成品及成品的快速检测工作，填写检测记录，及时按规定出具检测报告。

（2）按规定将检验结果通报相关领导及部门，对于快速检测不合格的样品及时按照公司规定进行处理。

（3）出厂产品的留样工作和留样的快速检测工作，并做好原始记录台账。

（4）实验室、设备的日常维护保养工作和实验室的清洁消毒工作。

**（二）食品经营单位快速检测人员工作职责**

（1）对经营的食品进行随机抽样、遵守操作规程和程序进行快速检测。

（2）对检测中涉嫌不合格食品，及时依法对样品封存送检。

**（三）餐饮服务单位快速检测人员工作职责**

（1）每天对所购的原材料进行快速检测，从源头杜绝食品安全隐患；

（2）每日三餐做到待售食品的留样，做好每餐每样留样食品的记录，包括食品样源、食品名称、留样时间、目测样状等，以备检查；

（3）指导监督餐具消毒人员对餐具进行消毒；

（4）每日三餐对消毒餐具进行抽样检测，并做好记录，发现问题要及时做出处理并向领导反映。

# 第四节　快速检测人员的培训

## 一、基本要求

### （一）职业道德

1. 职业道德基本知识

2. 职业守则

（1）遵守国家法律、法规和企业的各项规章制度。

（2）认真负责，严于律己，不骄不躁，吃苦耐劳，勇于开拓。

（3）刻苦学习，钻研业务，努力提高思想、科学文化素质。

（4）敬业爱岗，团结同志，协调配合。

## （二）基础知识

（1）法定计量单位知识和常用的法定计量单位。

（2）误差和数据处理基本概念。

（3）实验室用电常识。

（4）食品检测基础知识。

（5）化学基础知识。

（6）微生物检测基础知识。

（7）实验室安全防护知识。

（8）食品卫生／安全标准基础知识。

（9）食品安全法、质量法、标准化法、计量法、食品卫生法、劳动法等相关法律、法规知识。

## （三）其他

（1）政府基层监督单位食品快速检测人员：食品抽样检测、结果处理的相关规定，食品常出现的食品安全指标。

（2）食品生产经营单位快速检测人员：食品生产经营单位的管理规定及相关工作流程。

（3）餐饮服务单位快速检测人员：餐饮单位原料、成品及餐具常见食品安全风险及卫生指标。

## 二、技能要求

表 7-1　快检检测人员技能要求

| 职业功能 | 工作内容 | 技能要求 | 相关知识 |
| --- | --- | --- | --- |
| 检验前期准备及仪器的维护 | 样品制备 | 按照要求抽样、取样、制备样品 | 抽样、制样的相关知识 |
| | 常用玻璃器皿及仪器的使用 | （一）正确使用容量瓶、烧杯、移液管等实验工具及玻璃器皿<br>（二）正确使用分析天平等实验室辅助工具，并能排除一般故障 | （一）检验实验室常用工具、玻璃器皿的种类、名称、规格、用途及维护保养知识<br>（二）实验室常用检验辅助设备的种类、名称、用途及维护保养知识 |

续　表

| 职业功能 | 工作内容 | 技能要求 | 相关知识 |
|---|---|---|---|
| 检验前期准备及仪器的维护 | 溶液配制 | 配制规定浓度的溶液 | （一）食品检验常用药品、试剂的基础知识<br>（二）分析天平、量筒、容量瓶等的使用知识 |
| 检验 | 政府基层监督单位食品快速检测人员 | （一）粮食：<br>　1.检测大米新鲜度、陈化米液状石蜡<br>　2.检测粮食中水分、农药残留、黄曲霉毒素 $B_1$<br>　3.检测面粉、小麦粉等中的过氧化苯甲酰、明矾<br>　4.检测饺子皮、切面等中的硼砂<br>（二）蔬菜、水果、坚果<br>　1.检测蔬菜水果中的农药残留<br>　2.检测干制蔬菜（黄花菜、香菇等）干果、坚果中的二氧化硫<br>　3.检测木耳中的硫酸镁、氯化镁<br>（三）茶叶：检测茶叶农药残留<br>（四）食用油<br>　检测食用油（毛油）酸价、过氧化值、黄曲霉毒素 $B_1$、胆固醇、表面有害活性剂等<br>（五）药用植物：检测干制药用植物的二氧化硫<br>（六）其他植物<br>　检测其他植物（如可食用干花、薯干等）的二氧化硫<br>（七）肉<br>　检测肉及肉制品等中的水分、亚硝酸盐、瘦肉精（包括：盐酸克伦特罗、莱克多巴胺、沙丁胺醇）<br>（八）蛋：检测蛋类的新鲜度<br>（九）奶<br>　检测鲜奶、巴氏奶等的新鲜度、蛋白质、三聚氰胺、氯霉素等<br>（十）蜂类产品<br>　检测蜂产品中的水分、淀粉糊精等 | （一）粉碎机、离心机、超声波清洗器等辅助设备的使用常识及注意事项<br>（二）农药残留速测仪等仪器的使用常识及注意事项<br>（三）各种检测试剂的使用注意事项 |

续　表

| 职业功能 | 工作内容 | 技能要求 | 相关知识 |
|---|---|---|---|
| 检验 | 政府基层监督单位食品快速检测人员 | （十一）水产品及水发水产品<br>检测水产品及水发水产品中的甲醛、工业碱、过氧化氢等<br>（十二）调味品<br>检测酱油的总酸及氨基酸态氮，食醋的总酸及矿物酸，辣椒粉、辣椒酱中的二氧化硫（辣椒粉）罗丹明B、苏丹红，火锅底料中的罂粟壳等<br>（十三）水<br>检测有害金属元素、微生物（菌落总数、大肠菌群及致病菌）等 |  |
|  | 食品生产经营单位快速检测人员 | 利用快速检测技术对生产经营的食品进行快速检测 |  |
|  | 餐饮服务单位快速检测人员工作职责 | 利用快速检测技术对原料、成品及餐具进行快速检测 |  |
| 检验结果分析 | 检验报告编制 | （一）正确记录原始数据<br>（二）正确使用计算工具报出检验结果 | 数据处理一般知识 |

## 三、考核权重表

### （一）理论知识

表 7-2　快检检测人员理论知识考核权重表

| 项目 | | | 权重 |
|---|---|---|---|
| 基本要求 | 职业道德基本知识 | | 20 |
|  | 基础知识 | | 25 |
| 相关知识 | 检验的前期准备及仪器的维护 | | 10 |
|  | 检验 | | 35 |
|  | 检验结果分析 | 检验报告编制 | 10 |
| 合计 | | | 100 |

## （二）技能操作

表 7-3　快检检测人员技能操作考核权重表

| 项目 | | 权重 |
|---|---|---|
| 技能要求 | 检验的前期准备及仪器的维护 | 30 |
| | 检验 | 50 |
| | 检验结果分析　　检验报告编制 | 20 |
| 合计 | | 100 |

食品（食用农产品）快速检测人员培训后需理论和技能操作考核均合格（超过 60 分为合格），准予上岗。

# 第五节　快检人员的管理

（1）快检人员应系统掌握检验方法和依据的标准，了解检验过程。

（2）做好检验的一切准备工作（包括仪器、设备、试剂等），并保证达到检验要求。

（3）对所使用的精密贵重仪器要加强管理，经常检查，精密贵重仪器要记录档案，明确责任。熟悉实验室有关仪器、设备的功能、特点和操作方法，具备维护、保养的知识，并能进行简单维修，因违反操作规程而损坏仪器者，应酌情处理。

（4）遵守实验室制度，按时上下班，工作时要坚守岗位，配合主管加强对实验室的安全管理工作。

（5）快检人员要经常打扫和保持实验室的环境卫生，使用的仪器、试剂要经常洗涤、擦拭，做到窗明几净，台面整洁，放置有序，标志分明，使用方便。

（6）加强仪器设备和器材的管理，保证帐、卡、物相符，如有损坏、丢失，必须上报主管领导研究处理。对已超过规定使用年限、损坏严重无法修理的仪器、设备和失效药品，实验室统一上报，经批准后进行妥善处理，任何人不得擅自拆改滥用。

（7）快检人员要本着节约精神，严格控制实验中各类药品的使用量，不得随意浪费，对损坏的仪器将按个酌情进行处理。

（8）一般常用的仪器和药品的领用由检验人员填写领用单，上级主管签字后，在库房领取，精密贵重仪器领用须主管和总经理签字。不得将实验室任何物品转送他人，公司其他部门借用仪器药品，须经主管同意后，并办理借用手续。外单位及个人借用须经总经理批准后方可办理借用手续。

（9）加强工作，确保人身安全，防止触电、中毒、爆炸等危险事故发生，下班时要认真检查各实验室门窗、水、电是否关好，发现有不安全因素要及时报告，对废液要倒在统一指定的地方，及时销毁处理。

# 第八章 快检车的购置、使用和管理

随着贸易全球化的发展和人们食品安全意识日益提高，社会对食品安全控制的需求也不断增加，使得食品安全监测移动实验室——食品安全监测车在国内迅速发展并推广应用，在我国食品安全监管中发挥重要作用。

食品安全检测车可广泛用于果蔬批发市场、农产品收购加工站、食品生产企业、大型农贸市场、超市、出口食品收购加工点、出口果蔬生产基地、农场、餐饮酒店、重大活动等场所的食品和农副产品安全监测。

食品安全检测车实现食品安全检测模式从固定到移动的突破，符合移动实验室标准化要求，实现多种食品安全技术指标的检测，有效解决食品中农药残留、兽药残留等有毒、有害残留物质超标的问题，满足食品安全综合示范区果蔬和食品的现场监控及检测需要。真正做到灵活、快捷、实用、有效。

食品安全检测车将食品检测技术与食药、质检、卫生、农业等市场监督部门的相关监管职能有机结合为一体，起到及时、有效的市场监管作用，为各地方政府实施食品放心工程提供强有力的技术支持。

## 第一节 大型、宽大空间检测车的选购与改装要求

### 一、检测车特点

该类车空间宽大，满足 3 至 5 人同时进行实验检测，可以承载多样化

检测装备，是食品安全移动实验室集多项检测技术于一体，为快速检测、现场检测和移动检测提供应用平台。

## 二、车型与预算

可选择 19 或 23 座中型巴士，购车预算：50~80 万元，改装费用：25~33 万元。

## 三、可参考车辆技术指标

表 8-1 大型、宽大空间检测车可参考车辆技术指标

| 项目 | 参考指标 |
|---|---|
| 车体尺寸：长 × 宽 × 高（mm）： | 7005×2040×2645 |
| 轴距（mm）： | 3935 |
| 车辆总重（kg）： | 5500 |
| 发动机系统： | |
| 发动机型号： | 3RZ（汽油机） |
| 运行方式： | 4- 冲程、4- 阀汽油发动机 |
| 气缸数： | 4 缸 |
| 排气量（L） | 2.8 |
| 最大功率 kW（HP）/rpm： | 102（140）/3600 |
| 最大扭矩（Nm/rpm）： | 269/2000 |
| 燃油喷射： | 电喷 |
| 轮胎： | 7.00R16LT 12 PR |
| 其他： | 符合国家排放要求 |

## 四、车辆改装要求

车体分为两个功能区：驾驶区和实验区，区域间有隔断；与驾驶舱隔离（隔离处带窗）；车体结构为高硬度、高强度全金属结构，其中内墙体为 ABS 材质；车顶及侧壁安装加强筋；车体保温处理，车厢地面防滑、防腐蚀、防静电处理；具有较好的电绝缘性、热绝缘性、阻燃性和较好的保

温性；双后开门；车体侧窗后部和后门窗封闭，其他窗贴膜窗帘。

## （一）驾驶区

驾驶舱安装有两个座椅，即驾驶员座椅和副驾驶座椅，并安装警灯警报控制器，安装倒车监视系统设备、GPS 导航系统，以便于司机观察车体后部情况，保证安全驾驶，驾驶舱不改变原车结构保证驾驶员视野开阔。

### 1. 长排警灯及侧围爆闪灯

长排警灯选择双黄色工程警灯，车顶左右两侧各加装四只方形暴闪灯，尾部加装两只方形暴闪灯，四周方灯为内嵌式安装，车体周围安装相同形状透明环境照明灯，用于夜间车体周围照明。

### 2. 可选配 GPS 导航

### 3. 可选配倒车监视系统

## （二）实验测试区

驾驶舱后为实验测试舱，通过前后隔墙于驾驶舱及后部设备储存舱隔开，实验测试舱为标准的实验室环境，设置有实验水路系统、不间断稳压电源系统、理化实验台系统、设备减震机柜、实验旋转座椅及临时休息折叠椅、车载冰箱、有毒有害环境正压实验舱系统、独立控制驻车空调系统、ABS 耐腐蚀实验室侧壁、废物收集处理系统及防水安全电源插座、防滑防腐蚀防静电石英地板、照明灯等实验室辅助功能系统。

### 1. 车载理化实验工作台

车载理化实验工作台由型钢喷塑处理骨架、减震设备柜和耐强酸强碱实心理化板构成，既保证了实验室耐腐蚀环境要求，又保证车载环境的防震性和实验台的刚度和牢固性。

组成及特点：

（1）仪器柜由型材和钢板制成，其尺寸按照仪器的实际规格定做。

（2）仪器柜采用表面喷塑处理。

（3）专用仪器柜，仪器在柜内存放并进行减震保护。

（4）预留便携式应急检测仪器的存放空间，带减震垫。

（5）仪器柜配有专用设备固定导轨和锁止限位装置，配专用锁具。

（6）面板采用防水（可清洗）、防滑、耐腐蚀、防紫外线照射实验室专用实心理化板。

**2. 实验室地板**

地板加强，铺高级耐磨、防腐、防滑、防静电地面。

地板采用耐磨、易清洗、防滑防静电实验室石英地板革（蓝）色，并使用真空压力制板工艺使其与加强板材成为一体，保证地板强度和平整性。地板与侧围无缝连接，保证地板不漏水。

**3. 车载水系统**

实验室水路系统由不锈钢净水箱、污水箱、12V 直流车用水泵和实验水槽水龙头、紧急洗眼器、电动排水阀等部件组成，为舱内提供实验用水保证和紧急情况伤害处理用水保证。污水排放采用电动阀门放水，按下放水开关即可将污水排出车外到指定地点，防止污水污染环境。水路系统有液位显示功能，净水箱有缺水报警功能，污水箱有水满报警功能，极大方便使用者操作。配备食品卫生级低压 12 伏直流车辆专用水泵，具有断水停机功能和通水恢复运行功能，保证了水泵和水路系统的安全可靠，保证了操作者的人身安全。配备了 50 米专用市政加水管轴组合，极大方便了车辆加水操作。紧急洗眼器保证了在药品溅入操作者眼内后的紧急处理救治。

**4. 实验舱独立空气调节系统**

（1）制冷空调系统

为了保证车辆驻车时的空气调节能力，实验测试舱安装独立控制空调系统。该空调机可接外部 220V 市电，作为驻车空调使用，也可接汽车底盘取力发电系统，用做行车空调。空调安装于车顶部，节约空间。空调具有前后两组冷气出口，达到很好气流分配，使舱内各部分温度均匀，各受风点风力柔和舒适。

（2）暖风系统

除上述空调提供暖风外，在折叠座椅下部安装原车后暖风机及暖风风道系统，使暖风从下向上均匀吹出，人员感觉舒适。保证实验测试舱驻车和行车都有可靠的暖风供应。

整车车体使用铝箔保温棉进行加强保温处理，减少车体内外热量的传导和辐射传播，更好保证全车冷、暖空气调节装置的效率和可靠性。

### 5. 照明系统

照明系统由实验测试舱室内照明系统和室外环境照明摄像系统组成。

（1）车内照明系统

室内照明选用高级客车用防爆长条日光灯，适合车辆震动环境具有防爆防损伤保护。照明平均强度大于 200 克勒斯。

（2）车外警示照明和摄像系统

选装长排警灯和侧频闪灯。

### 6. 车载冰箱

选用车辆专用冰箱，该冰箱车载设计，具有良好抗震性，使用直流 12V 和 220V 两种电源为检测试剂提供良好冷藏空间。

### 7. ABS 耐腐蚀实验室侧壁板

实验测试舱左右侧围及前后隔墙侧壁板全部使用乳白色耐酸碱腐蚀磨砂面 ABS 板，具有耐腐蚀、易清洗、强度高等特点，适合检测实验室环境。

### 8. 实验座椅及折叠座椅

为了节省车载实验室空间，使用可移动可升降小型旋转座椅。座椅有固定装置，行车时固定于车体。座椅空间小操作使用方便，符合人机工程学要求，另外实验测试舱内配套有安全带折叠座椅，供实验操作人员临时休息和短途乘车使用。

### 9.电源供配电系统

实验测试舱电源供配电系统由外接市电端口、稳压电源、UPS不间断电源、备用蓄电池防水电源插座、电路集中控制面板、电源避雷系统等功能系统组成，为实验活动提供安全、可靠、稳定的220V交流电源。

### 10.急救箱及灭火器

设置了一个车载壁挂式急救箱及三角巾、绷带、创可贴等常用急救医用品，保证操作人员在紧急情况得到及时救助，驾驶舱配置一个原车灭火器，实验测试舱配置两个1.5公斤（ABC）类车载灭火器，并放置于明显易取用的部位，保证车辆及人员安全。

# 第二节　中型、舒适型检测车的选购与改装要求

## 一、检测车特点

该类车空间较大，满足2至3人同时进行实验检测，配备了具有取样、前处理、现场检测、数据处理等多种检测功能的快速检测仪器，能够实现对食品、公共场所等多项指标的快速检测，具有时间短、检测精准度高等特点，同时快速检测车还具有检测数据实时统计分析等功能。

## 二、车型与预算

可选择17座轻型客车；购车预算：20~30万元，改装费用：18~23万元。

## 三、可参考车辆技术指标

表8-2　中型、舒适型检测车可参考车辆技术指标

| 项目 | 参考指标 |
| --- | --- |
| 类型 | 轻型客车 |

续　表

| 项目 | 参考指标 |
|---|---|
| 外形尺寸：长＊宽＊高（mm）： | 6503/6543＊2095＊2840/2940/2990 |
| 整备质量（Kg）： | 2740 |
| 总质量（Kg）： | 4250 |
| 排放依据标准： | GB17691-2005（国IV），GB3847-2005 |
| 燃料种类： | 柴油 |
| 轴数： | 2 |
| 轴距： | 3750 |
| 转向形式： | 方向盘 |
| 轮胎规格： | 185/75R16C |
| 最高车速： | 145 |
| 发动机排量： | 2402 |

## 四、车辆改装要求

### （一）基本要求

内部尺寸：长约 4000 mm、宽约 2000 mm、高不低于 1800 mm。车体分为三个功能区：驾驶区、实验区、承载区，区域间有隔断，隔断上有内开门；与驾驶舱隔离（隔离处带窗）；车体结构为高硬度、高强度全金属结构，其中内墙体为 ABS 材质；车顶及侧壁安装加强筋；车体保温处理，车厢地面防滑、防腐蚀、防静电处理；具有较好的电绝缘性、热绝缘性、阻燃性和较好的保温性；双后开门或电动门；车体侧窗后部和后门窗封闭，其他窗贴膜窗帘。

### （二）车内检测支持设备要求

（1）配能满足车载及便携仪器工作需要的固定工作台（整体耐酸碱，理化板工作台）及座椅。

（2）配样品保存 48L 冰箱一台。

（3）配车载便携仪器储存柜，并带有锁定和减震装置。

（4）预留便携式应急检测仪器的存放空间，带减震垫，配备专用仪器导轨。

（5）台面配备仪器固定装置，气瓶架。

（6）车载专用的标准水槽，实验室专用水龙头、试管冲刷手枪、紧急冲眼器，专用车载试管架。

（7）清水桶19L、污水箱30L、电动污水排放口及水位显示器。

### （三）供电及照明系统

所有用电器具均可由车载发电机和市电供电，部分照明用电由汽车动力驱动，配电系统能满足市电和发电系统电源输入和输出的要求；附设车载仪器配用专用接地系统；配车载式静音式汽油发电机（5000w）、带50米线卷2组、3芯、线径不小于2.50 mm、220V、50-60Hz电源供电系统，带电源保护装置，并根据车载仪器设备的需要，配置相应的防水电源插口、配电柜、蓄电池、3000w UPS。

车体专用外接电源接口、车载发电机专用舱和伸缩托盘（带导轨，车体侧开门）。

照明系统满足通用实验室要求。

### （四）空调及排风系统

空调系统：车载式驻车车顶空调，冷却量3KW、加热量2KW。空调供电既可接入市电，也可由车载发电机供电。双向排风系统，满足实验室通风要求。

### （五）驾驶区，试验区支持设备要求

驾驶区内安装倒车监视器，LCD6寸彩色液晶监视器DVD，并配有车载GPS（和倒车监视器一起，带地图），装配LED显示屏。

### （六）车控系统及独立控制开关

（1）蓄电池电压、电流和剩余电量的显示监控。

（2）清水和污水液位显示及高低液位报警。

（3）三路 220V 电源防水插座。

（4）空调和仪器用电分路。

（5）车载专用工作照明和应急照明。

（6）工作环境温湿度计及烟感报警。

（7）泵、应急照明、空调独立开关。

**（七）车体外部**

（1）装备工程警示灯、车身爆闪灯，后车门爬梯。

（2）可根据客户意愿喷涂外部标识。

（3）车体下部装有电动支撑装置保持车体平衡。

**（八）其他要求**

配备纸巾分送器和液体洗手皂发送器；车用小型灭火器 2 个。

**（九）车内标配装备**

（1）笔记本电脑或工控计算机，激光打印机（选装）。

（2）外部照明、摄像系统（选装）。

车体外部可升降（1.2~2m）照明摄像系统，摄像 20 倍光学变焦，360° 旋转。配操作键盘及硬盘刻录等设备，图像传输系统（图像传输设备为选装）满足应急监测现场与市局中心控制室的视频传输。

（3）选装超净工作台。

# 第三节　小型、紧凑型检测车的选购与改装要求

## 一、检测车特点

该类车空间较小，满足 1 人进行实验检测，可抽样、现场简单实验

操作和数据处理等多种检测功能，具有食品安全快速反应、快速检测的特点。

## 二、车型与预算

可选择 7 座商务车；购车预算：16~23 万元，改装费用：6~10 万元。

## 三、可参考车辆技术指标

表 8-3　小型、紧凑型检测车可参考车辆技术指标

| 项目 | 参考指标 |
| --- | --- |
| 车体尺寸：长 × 宽 × 高（mm）： | 4830 * 1805 * 1895 |
| 轴距（mm）： | 2900 |
| 车辆总重（kg）： | 2450 |
| 转向形式： | 方向盘 |
| 发动机型号： | k24w5 |
| 最高车速（km/h）： | 200 |
| 气缸数： | 4 缸 |
| 排气量（mL）： | 2356 |
| 最大功率 kW： | 137 |
| 轴荷（kg）： | 1141/1309 |
| 燃油喷射： | 电喷 |
| 轮胎规格： | 215/60R16 95H |
| 其他： | 符合国家排放要求 |

## 四、车辆改装要求

该车辆改装主要由温湿度控制系统、电气及照明系统、防震系统、防尘系统、防腐系统、安全防护系统、倒车监视系统、给排水系统、基础装备系统、信息平台等组成。配置了其他基础设施，如配电设施、给排水系统、消防设施、紧急救护设施、报警系统、废液废气处理设施、通风系统、通信传输和信息网络系统等。

### （一）温湿度控制系统

配备顶置冷暖空调机组，可设定工作状态、风速及温度，具有除湿功能。风量大小可根据需要手动调节，最大限度地保证实验室温度均衡性。在工作区域装壁挂式温湿度计，可以实时测量实验室内的温湿度。

### （二）电气及照明系统

#### 1. 电源供应系统

检测车具备外接电源和车载 UPS 供电，可提供交流 220V/50Hz 电源及 12V 电源。

配置电缆盘用于连接外部市电。UPS 采用在线式，提供后备供电能力。

#### 2. 照明系统

整个检测车内采用节能冷光照明灯。灯座及电缆预埋在内饰中。

#### 3. 配电系统

供电系统采用集中控制的配电箱，具有稳压、短路、过载、漏电报警等保护功能，各路供电由单独开关分别控制。

#### 4. 插座及供电

在工作台相关位置布置内嵌式插座，能满足单相二、三极工作，插座容量 250V/10A。

### （三）防震系统

#### 1. 三级减震

整体系统采用多级减震，在仪器柜与副地板之间安装不锈钢钢丝绳减震器，仪器柜内铺设橡胶垫板，部分仪器柜根据需要加铺硬质海绵发泡减振垫，每个仪器柜、储存柜内均配固定拉带，保证运输过程中固定安全可靠。

#### 2. 车体减震

在检测现场，通过支撑系统，将整个车体支撑起来，以减少在检测过程车体的震动。

## （四）防尘系统

### 1.密封

窗户、门、地板采用汽车专用防尘、防雨密封条密封，避免外部粉尘侵入。

### 2.通风

顶置的车载空调有通风的功能，可从回风口将室内空气排出，从出风口引入新风。

### 3.防腐

车内的内饰采用复合材料，具有良好的防腐耐磨的性能。台面采用的是防腐耐磨的理化板，水槽、龙头采用耐腐蚀的材质。

## （五）安全防护系统

### 1.布线

实验室内220V电源供应和12V直流供电分开走线，大功率用电设备也单独布线。给排水系统中的水泵及传感器系统供电和水路部分物理隔离。

### 2.接地

配铜质接地钎，配接地电缆，满足实验室对接地电阻的基本需求。

### 3.防火

在检测车安装烟雾报警器，配备车载式灭火器，以保证车内人员及设备安全。

### 4.倒车监视系统

配备具有双监视镜头的视频倒车彩色监视器，挂上倒车档时可自动开启，也可手动开启，后视及实验区监控两个镜头监视画面可手动切换。

## （六）给排水系统

配净水箱和污水箱，采用鹅颈式水龙头和直流小水泵供水。净、污水箱均配有液位传感器，在电路控制面板上有水位报警开关。净水箱设有上部加水口，污水箱下部出水口连接防腐蚀排污水管和排水阀，提供有延长管线，可根据需要进行废液排放。

### （七）其他基础装备

#### 1. 工作台

根据实验室要求定做工作台。台面采用耐磨、防划、耐酸碱的实心理化板，台面下部根据需要制作仪器柜或抽屉。仪器柜配备特殊锁扣，防止行进中打开。

#### 2. 实验室座椅

提供实验室专用座椅，座椅可移动、能固定、可升降、符合人体工学，行车时采用固定拉带固定在地板上。

#### 3. 车载冰箱

检测车安装与实验台、仪器柜融为一体的车载冰箱，用于实验试剂、微生物快速检测用酶试剂及样品的存储。车载冰箱内分为冷冻区和冷藏区，冷冻区最低温度 -18℃，12V 车载供电。

### （八）通讯及信息化系统

检测车配备通讯和信息化系统，可进行远程监控和实时指导。食品质量安全检测车并非"单兵作战"，通讯和信息化系统可进行远程监控和实时指导。无线网络可以使检测数据的采集、传输和报告的打印等自动完成。

## 第四节　车载设备配置

快速检测车逐步应用到检测食品安全领域，因为含有多样车载设备现场检测过程中具有取样、前处理、现场检测、数据处理等多种功能，普通检测项目几分钟即可完成。车载设备的配备特点一般是：仪器便携性、操作简便；实验前处理操作简单，对操作人员要求低；仪器具有检测数据实时统计分析等功能，配套试剂容易保存和操作；仪器分析方法简单、准确和快速。

同时，车载配备仪器必须满足对农药、兽药等药物残留检测，微生物快速检测，重金属检测，毒素、添加剂检测，实验前处理等操作。常规的仪器配置如下：

表 8-4　快速检测车常规仪器配置

| 基础建设 | 快检仪器 / 设备 | 适用范围及对应检测项目 | 数量 | 单位 |
|---|---|---|---|---|
| 食品安全车载仪器 | 多通道农药残留速测仪 | 检测项目：蔬菜、水果、粮食、茶叶、水及土壤中有机磷和氨基甲酸酯类农药残留 | 1 | 台 |
| | 多功能食品安全分析仪 | 定性、定量检测农副产品、日常食品、海产品及其制品中的违禁化学品［二氧化硫、亚硝酸盐、过氧化氢、甲醛、吊白块、硼砂、瓶（桶）装水的余氯］奶粉蛋白质、食用油酸价和过氧化值、酱油中氨基酸态氮含量等检测项目。并且可以根据客户需要增减项目，项目可达 50 余种。可针对农贸批发市场、超市、餐饮酒店等中的常见食品进行快速检测 | 1 | 台 |
| | ATP 测量仪 | 通过 ATP 生物发光计数的原理测定食品表面、餐具、桌台面等的微生物污染程度 | 1 | 台 |
| | 肉类水分检测仪 | 针对猪、牛、羊、鸡中的肉类水分快速检测 | 1 | 台 |
| | 微生物检测系统 | 食品中致病微生物的检测，包括菌落总数、霉菌、酵母菌、大肠菌群、金黄色葡萄球菌、沙门菌、大肠埃希菌 O157 等的快速检测。通过纸片以及 LAMP 等温扩增法等 | 1 | 台 |
| | 食品安全综合分析仪 | 可快速、定量（ELISA 方法）测定食品中的兽药残留、毒素残留等有害物质。包括瘦肉精、三聚氰胺、苏丹红、孔雀石绿、氯霉素、黄曲霉毒素等残留类检测 | 1 | 台 |
| | 重金属电化学检测系统 | 利用电化学分析法在含有重金属离子的溶液中浸入电极传感器，通过检测氧化还原电流并进行分析可测定金属离子的浓度，可对检测食品、化妆品及饮用水中的铅、汞、砷、镉、铬、铜、铁、锌等金属离子进行定性、定量检测 | 1 | 套 |

续　表

| 基础建设 | 快检仪器 / 设备 | 适用范围及对应检测项目 | 数量 | 单位 |
|---|---|---|---|---|
| 食品安全车载仪器 | 抗生素残留检测仪 | 快速定性（胶体金金标卡读卡仪）检测乳品或畜产品中抗生素、兽药残留、毒素类的有害成分 | 1 | 台 |
| | 食品安全快检箱（重大活动保障箱） | 针对食品中常见违禁添加剂和滥用添加剂的现场快速鉴别。包括重金属砷、铅、氰化物、鼠药（敌鼠钠盐、安妥、毒鼠强、氟乙酰胺）、非食用油（桐油、大麻油、矿物油、巴豆油）农药残留、亚硝酸盐、过氧化氢、甲醛、二氧化硫等现场快速检测，近百余种 | 1 | 套 |
| | 保健食品、化妆品安全快速检测箱 | 针对减肥类、降糖类、降压类、缓解体力疲劳类、安神类等保健食品中非法添加，及染发剂、祛痘类等化妆品中的非法添加快速现场检测 | 1 | 套 |
| | 现场食品采样箱 | 用于食物中毒样品、食品(卤味、糕点、餐具等)的采样和培养，包括培养箱、天平、移液器、吸头、镊子、采样刀、手电筒、酒精灯、采样标签、采样自封袋、记号笔等采样和培养工具 | 1 | 套 |
| | 食用油品质检测仪 | 检测煎炸食用油的品质，主要是针对煎炸油中的极性组分含量检测 | 1 | 台 |
| | 荧光增白剂检测仪 | 用于食用菌、一次性杯碗等餐具中的荧光增白剂现场检测 | 1 | 台 |
| | 酒醇安全检测箱 | 酒中甲醇和乙醇含量的现场快速检测 | 1 | 套 |
| 前处理设备 | 中心温度计 | 可适用于熟食等中心温度，专间、盒饭、储运等环境温度，手持式、外形新颖流线设计全防水结构 | 1 | 套 |
| | 电子天平 | 适用于样品的精确称量 | 1 | 套 |
| | 激光测距仪 | 用于监测餐饮环境距离 | 1 | 套 |
| | 紫外照度仪 | 用于检测环境（消毒间环境）实验室紫外照度测量 | 1 | 套 |
| | 电导率仪 | 适用于瞬时纯净水中电导率的检测 | 1 | 套 |
| | 酸度计 | 适用于果汁饮料中的 pH 值的检测 | 1 | 套 |
| | 食品粉碎机 | 适用于样品的加工粉碎处理 | 1 | 套 |
| | 微型离心机 | 适用于各类样品的离心分离和提取 | 1 | 套 |
| 现场执法包 | 执法包 | 适用现场拍照取证、封存样品、冷藏样品等 | 1 | 套 |
| 食品安全监管系统 | 执法终端监管通 + 工作站系统 | 与各种检测仪器相连自动实时采集检测数据，统计、分析自动汇总并网络即时上传到监管系统。执法终端监管通适合基层工作的执法依据 | 1 | 套 |

# 第五节　车辆的使用与管理

（1）制定检测车的使用管理规定和维护保养制度。各单位结合自身实际情况，制定检测车的使用管理规定和维护保养制度。加强对食品安全检测车使用的管理，确保检测车工作的高效、准确，提高餐饮服务食品安全监督检查的针对性和有效性。

（2）落实人员，对人、装、车实行严格的"定人、定物、定车、定位"。相关监管部门提前谋划、科学安排，提前选派执法人员参加国家组织的食品安全快速检测知识技能培训，在装备配发一周内即聘用A1照驾驶员，明确车长、快检操作人员，细化人员职责、严把操作规程，目的就是让检测车最快发挥效能，"转得动、用得好"。

（3）编制《快速检测车使用制度》，规范食品安全快速检测流程。依托现有车载快速检测装备，编制《快速检测车使用制度》并下发各使用检测车监管使用部门；此外，组织执法人员以检测车为载体，结合重大活动保障任务实际，对执法人员进行岗位练兵和现场培训，整体提升农业、食药监等系统的食品安全快速检测水平。

（4）及时改进更新车上食品安全快速检测设备，配合高科技产品充分挖掘快检车效能。利用信息化系统，对危害食品进行快速筛查、追溯，实现在检测车上即能完成从检测操作到检测结果的无纸化办公和存档，有利于检测结果的电子数据快速传递和保存，提高预警为食品安全风险监控节约了宝贵时间。

（5）发挥流动实验室的优势和功能，做好重大活动的食品安全前期检测和筛查工作。在运动会、博览会等重大活动期间，出动检测车，对重点品种食品进行快速检测，对快速检测呈阳性的食品，执法人员采取了有效措施，如严格操作规程、增加清洗次数、延长浸泡及焯制蔬菜时间、蒸熟煮透直至更换品种等整改要求。

（6）将检测车流动普法车、便民服务车。在执行重大活动保障任务和日常监督检查时，执法人员现场展示假劣食品实物及检测方法；宣传识别假劣食品方法和对策；拓宽服务功能，对提高人民群众自我防范和维权意识，维护农业、食药监系统良好形象起到积极作用，成了农业、食药监系统的"流动窗口"。

（7）加大食品安全流动检测车和快速检测技术在食品安全监管领域的应用和推广，积极开展重点领域、重点品种、重点环节的监督检查和专项整治，发挥其最大效能，努力推进食品安全监管的科学化，提升各地区食品安全治理能力。

附一：

设计参考图

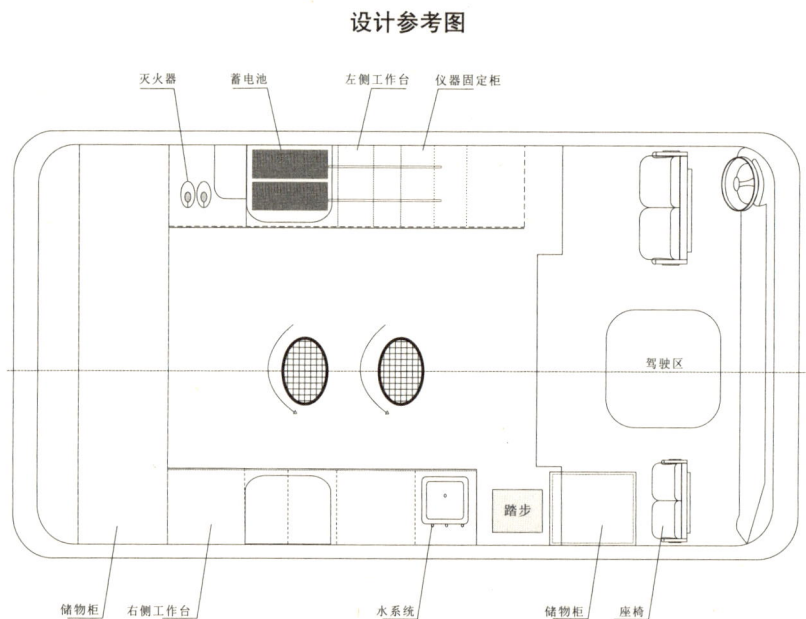

图 8-1　快速检测车内部设计参考图

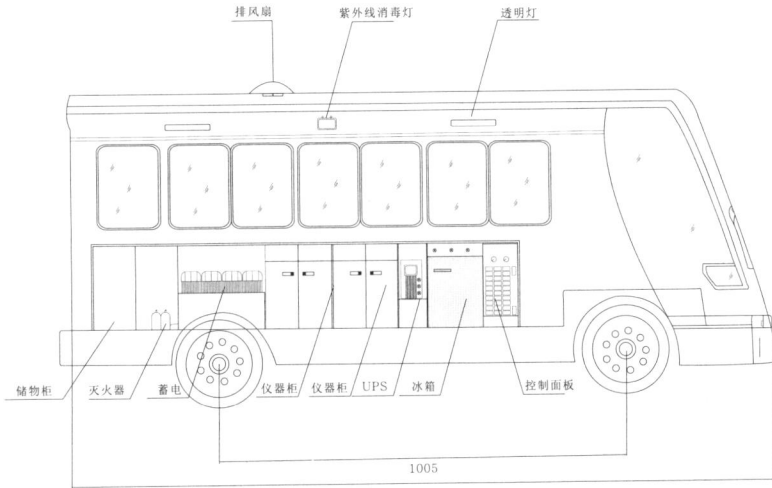

图 8-2　快速检测车外部设计参考图

附二：

内饰参考图

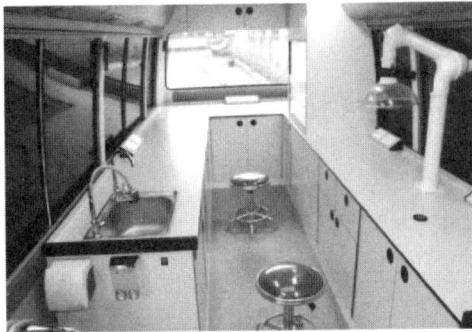

图 8-3　快速检测车内饰参考图（1）

图 8-4　快速检测车内饰参考图（2）

# 第九章 快检技术在检测与执法中常见问题

食品快检技术的广泛运用，提高了对食品安全隐患的发现能力，提高了监管和执法效率。但目前食品快速检测工作开展的时间尚短，加之人员技能、技术装备、经费等因素制约，以及一些食品快速检测方法自身存在的局限性，使得食品快检在实际应用工作中出现一些问题，客观认识并改进这些问题，可有效提高快检方法的应用效果，推动快检方法的发展。

## 第一节  检测环节常见问题

**问题一：快检方法的检验原理依据是什么？**

**答：** 快检方法的检验原理主要有国家标准、行业标准、地方标准、企业标准以及国际标准，同时也包括一些国内外先进的科研成果，如专利、文献等，一般应优先考虑使用国家标准。

**问题二：实验室检验与快速检测方法的特点有何不同？**

**答：** 实验室检验与快速检测各具特点又相辅相成。两种方法的比较如下表所示：

| 实验室检验 | 快检方法 |
| --- | --- |
| 检测成本高 | 针对性检测，合理利用实验室资源，检测成本低 |
| 实验室条件要求严格 | 简易实验室或者快检车（移动实验室）即可满足快检需求 |
| 技术操作要求高 | 操作要求低，适合非专业人员 |

| 实验室检验 | 快检方法 |
|---|---|
| 检测周期长 | 检测周期短（15 分钟左右） |
| 现场检测困难 | 适合于现场检测（设备轻便易携带） |
| 准确度、灵敏度高 | 准确度、灵敏度较高 |
| 具有法律效力 | 适合初步筛查，可以采用国家规定的快速检测方法对食品进行抽查检测 |

**问题三：对于检测耗时较长项目，能否定义为快检？**

**答：** 快检同常规检验相比检测时间较短是其必备的一个特点，但不同的快检方法其检测时间不同。通常对快速检测的时间定义为 30 分钟以内（含样品处理时间），从而达到快速检测与实验室检测的有益互补。而有些快检技术如微生物快速检测由于目前技术水平的限制仍需要几小时甚至更长时间，这已超出通常的快检产品的时间定义。但相比于微生物的常规检测方法，其时间缩短到常规检测的一半或三分之一，也不失为比较理想的快检方法，因此也被当作快检技术在市面上推广。

**问题四：快检实验室的建设有哪些建议？**

**答：** 近年来，食品安全快速检测体系建设不断加强，快检实验室数量逐渐增多。为了检测结果的可靠和安全的保障，快检实验室的建设需要注意以下几点：

1. 建议面积：按照市级快检实验室面积不小于 80 m²，县级快检实验室面积不小于 50 m²，乡镇一级快检实验室面积不小于 30 m² 的要求，各地确保实验室场所到位。

2. 要求墙壁光滑整洁，采用性能较好的内墙涂料进行粉刷。

3. 地面平整，采用性能较好的防滑地砖铺垫。

4. 要求检测室照明条件好，安装 2 ~ 3 盏 40W 的格栅灯。

5. 要求检测室有自来水供排水系统，应配置至少一个不锈钢水槽。

6. 要求检测室接入电源为 220V，电源线采用不低于 2.5mm² × 3 铜芯线，至少10个电源插口（两线、三线）。

7.接通电话和互联网带。

8.要求检测室通气性能良好，必须有窗户。

9.配备防腐蚀的实验台、办公桌椅和样品柜等。

10.市县一级快检实验室应安排至少2名专职或兼职的工作人员，乡镇一级快检实验室应安排至少1名专职或兼职的工作人员。快检室工作人员应保持相对固定，能熟练掌握快检室仪器的性能、使用、调校以及简单维护知识，掌握快检室检验基础操作和基本化学试剂的理化性质、使用要求等知识，掌握实验室安全规定、安全防护等知识。新从事快检室工作的人员应接受上岗培训后方能从事快检工作。

**问题五：快检设备是否方便移动操作？**

**答：**快检设备本身具有轻便、灵巧、操作简单等特点，普通试剂盒以及备有锂电池的便携设备等完全可随身携带进行现场检测；部分需要电源的设备也可车载使用。

**问题六：快速检测的采样应注意哪些问题？**

**答：**通常情况下，采样误差对分析结果有很大影响，所采样品应该具有高度代表性，否则会影响分析结果的准确性和可靠性，因此，取样时应注意以下问题：

1.取样需具有代表性。对于固体样品，可以采用五点法，取不同部位的样品；对于液体样品可以采取分层取样法，如采取食用油样品时，应先混匀再取样，分别取上层、中层、下层油样。

2.取样需具有典型性。如检测蔬菜水果农药残留时，由于农药残留主要集中在蔬菜水果的表皮，因此，检测时是取的是蔬菜水果表皮。

3.取样时考虑检测方便性。如检测水发产品甲醛或工业碱时，由于水发水产品的甲醛或工业碱主要来自其浸泡液，因此取样时可直接取浸泡液进行检测，以省去前处理；如检测水产品中氯霉素等兽药残留时，由于其兽药往往来自于其生活的水环境，所以若水产品有兽药残留，往往水或冰中也含有兽药残留，因此，取样时可考虑取水样或冰样，这样也可省去复杂的前处理。

**问题七：常见的快检样品前处理技术有哪些？**

**答：**快检样品的前处理是样品分析最为关键的步骤之一，样品的前处理效果，如提取效率、净化效果等，直接影响样品的分析结果。快检中最常用和具有应用前景的技术有以下几种。

1. 浸提，即溶剂提取，利用目标成分在溶剂中的溶解度，用溶剂分离固体混合物中的成分的处理技术。根据样品目标成分的性质，在选择合适的溶剂后，能够满足快速检测的需要。

2. 液 – 液萃取，又称溶剂萃取，是利用系统中组分在不同的溶剂中有不同的溶解度来分离混合物的操作，优点在于常温操作，节省能源，不涉及固体、气体，操作方便。

3. 过滤，过滤是利用多孔物质（即过滤介质）阻截大的颗粒物质，而使小于孔隙的物质通过的一种最简单、最常用的分离技术。过滤是样品净化的基本操作之一，在快检样品的前处理中广泛使用。

4. 膜分离，膜分离是用一定孔径的高分子薄膜即半透膜作为选择障碍层，在膜的两侧存在一定量的能量差作为动力，允许某些组分透过而保留混合物中其他组分，各组分透过膜的迁移率不同，从而达到分离目的的技术。目前，小尺寸的超滤滤头配合小容量注射器使用，适合携带至现场操作，已成为各类快速筛查试剂盒中的常见装置。

5. 重力沉降，是一种使悬浮在流体中的固体颗粒下沉而与流体分离的过程，优点是不需要任何装置，缺点是耗时一般比过滤长，而分离效果较过滤差。

6. 脱色，脱色是利用物理或化学方法将液体或固体材料中的色素去除的过程。常见的技术有萃取、物理吸附、化学吸附、沉淀法、絮凝剂法和化学反应脱色等。在各类食品尤其是保健食品中，由于提取液往往同时将样品中的色素或一些显色物质提取出来，而容易干扰下一步的检测分析，因此脱色也是许多快检方法样品前处理过程中的关键步骤。

7. 固相萃取，固相萃取是近年发展起来的一种用途广泛而且越来越受欢迎的样品前处理技术，采用选择性吸附、选择性洗脱的方式对样品进行富集、分离、纯化，是一种包括液相和固相的物理萃取过程。固相萃取小柱规格型号多样，易于携带，适合现场使用，在快检方法中具有良好的应用前景。

**问题八：快速检测的主要形式有哪些？**

**答：**快速检测的形式主要有以下几种：

1. 试纸法：用试纸直接显色来定性；根据显色深浅来半定量。

2. 试纸色谱法：用试纸层析显色来定性。

3. 比色管比色法：与试剂反应后观察比色管颜色来定性；根据颜色深浅来半定量。

4. 滴定法：用装有标准溶液的滴瓶滴定样品，根据消耗的滴数来判定被检物质的含量。

5. 胶体金检测卡法：试纸层析后胶体金显色来定性。

6. ELISA 试剂盒法：抗原抗体之间发生特异结合反应，根据显色深浅来定量分析。

7. 仪器法：食品安全检测仪（分光光度计），ATP 荧光检测仪，酸度计，肉类水分测定仪等。

8. 其他一些形式的快速检测方法。

**问题九：快检结果如何判定？**

**答：**快检结果的判读要依据方法原理（化学比色法、免疫技术、分子生物学技术、色谱光谱技术等）的不同严格执行操作规范进行判定，并与参考样品的实时测定结果相比较。对于临界结果或者可疑结果需进行复测，并采用基质加标、参考样品、空白等质控方式进行验证。

在判定结果是否合格或者符合限量值时，首先要明确据所检样品类别，其次依据国家标准、行业标准、地方标准、企业标准，也有一些依据卫计委、食药监管总局发布的一些临时限量值（一般以国家标准为主）。选择实时有效的判定标准，并能够熟练查找使用判定标准，需要对检测人员进行一定培训。当检出目标物时，应依据产品类别及禁限量标准准确判定其为"使用非食用物质、检出真菌毒素严重超标、检出致病菌/或致病菌超标、农药残留严重超标、兽药残留严重超标、重金属严重超标、超范围超限量添加食品添加剂、污染物超标等，或在合格范围内。"

**问题十：快检方法同法定检验方法相比，符合率是多少？**

**答：**与法定检测方法相比，快检方法存在一定局限性，检测结果的准确性和有效性相对较低。但随着技术进步和检测人员的水平提升，符合率会有大幅提升。一般情况下，以定性方法来比较，快检方法与法定检验方法的符合率大于80%。同时，不符合的部分结果基本为假阳性，假阴性结果较少。

**问题十一：可能会导致快检出现假阳性或者假阴性的主要因素有哪些？**

**答：**快检结果不可避免地受到样品本身的干扰和操作的影响，可能会出现假阳性或者假阴性。通常情况下，产生的原因主要包括以下几点：

1.样品基质本底干扰，如测定蜜饯中二氧化硫时，由于蜜饯本身的颜色影响结果的判定，可通过前处理环节去除干扰或者根据样品基质的不同选择适宜的快检方法。

2.样品中含有与目标待测物化学性质接近、结构类似或者具有相同官能团的化合物；

3.采用的快检方法本身特异性不强；

4.快检产品质量不稳定，操作步骤表述不清晰甚至错误，所用试剂试药在运输、储存及使用过程中性质变化或者被污染。

5. 检测过程中未进行有效质量控制，检测人员操作不规范或者操作失误引起结果偏差。

6. 快检方法的检测限低于国家标准要求，可能会出现假阳性结果，如花生油中黄曲霉毒素 $B_1$ 的国家限量为 20 μg/kg，而市面上大部分黄曲霉毒素 $B_1$ 检测卡的检测限为 5 μg/kg。快检方法的检测限高于国家标准要求，可能会出现假阴性，如国家标准中规定食品中吊白块不得检出，实际市面上检测吊白块的产品检出限为 10mg/kg。这种情况容易造成假阴性。

**问题十二：快检过程是否需要采取质量控制？**

**答：** 快速检测技术归根结底属于检验技术的一种形式。常规检验技术在实施过程中尚需采用基质加标、平行样、标准曲线等多种方式开展质量控制。作为常规检验技术的一种延伸，快速检测技术虽有其简便、快捷的特点，但与常规检验技术相比，也有着准确性、可靠性较低的不足，若能够采取一些简洁有效的质控措施，快检技术的作用必能得到更大发挥。否则，任由一般人员随意操作，检测结果的可靠性可能大幅降低，出现假阳性、假阴性或者结果偏差过大等致使误判，一定程度上也会影响制约快检方法推广和使用。因此，快速检测过程中需要采用一定的质量控制措施。

**问题十三：快检过程中的质量控制方式有哪些？**

**答：** 快检的检验结果往往受到样品、仪器设备、环境等因素的影响，因此，进行质量控制是快检过程中必须具备的一项重要环节。快检过程中的质量控制方式有：检测方法的选定；人员比对；不同快检仪器和方法的对照；随同检测样品进行质量控制样品的分析；空白试验、校准曲线、加标回收试验；平行试验；再测定或重复测定；使用质量控制图（日常开展）。快检质量控制操作方便、方法多样，日常工作中可根据情况选择开展。

**问题十四：快检试剂如何保存？**

**答：**快检试剂基本都是化学试剂配制而成，所以大部分化学试剂的保存方法需要阴凉避光保存。若试剂是生物类试剂或对温度敏感，则需要放置在冰箱冷藏。正规的快检试剂供货商对每种快检试剂的保存都会有具体说明，应按照相关规定进行使用管理并予以记录。

**问题十五：快检试剂过期能否继续使用？**

**答：**快检试剂对检测结果有着重大影响，因此如果快检试剂过期，检测结果会出现偏差或错误，所以过期的快检试剂不能继续使用。

**问题十六：快检所用的试剂是否有毒性或腐蚀性，操作人员的安全如何保障？**

**答：**快检产品中，一般不使用剧毒高危化学品或者放射性物质，因此只要使用得当，绝大部分试剂是对人体低毒无害的。若有使用剧毒、强腐蚀、放射性物质的产品会在外包装和说明书中详细注明，并提供使用注意事项和防护措施。一般情况下，多数快检方法是基于化学原理的检测，所以有小部分是弱酸、弱碱、盐或有机溶剂，因此在使用中，若接触到此类试剂，操作人员需要采取一定的安全措施，如穿实验服和戴手套等。若不小心污染到手、臂肘或其他身体部位，及时用水冲洗即可。

**问题十七：如何评价定量快检仪器的准确性？**

**答：**快检仪器的准确性涉及检测仪器的可靠性、检测方法的科学性和合理性（包括了样品处理方法的科学性和合理性）、使用试剂的质量、检测时的环境条件（温度、湿度、电磁场强度等）、溯源时使用的标准物质的质量、检测人员的技术水平等，而最终检测结果是评价定量快检仪器有效性的最好方法。对快检仪器的准确性评价具体包括对快检仪器科学性、可行性及适用性进行理论上评价；快检仪器采用的原理是否正确、合理；快检仪器操作是否简单、易行；快检仪器对操作环境及人员要求如何；抗干扰能力如何等。

**问题十八：哪些因素会影响到农残检测结果的正确性？**

**答：**农残检测原理一般为酶抑制率法，检测结果跟酶的活性和时间相关。所以在检测中需要注意的问题有：

1. 样品的本底干扰，辛辣物质如葱蒜等需要经过处理否则容易出现假阳性。

2. 酶的对照活性必须达到说明书中的要求，若偏低实验结果不可靠。

3. 操作温度对实验也有影响，温度偏低时，需要注意保温。

**问题十九：微生物快速检测产品在使用中的常见问题有哪些？**

**答：**微生物快速检测需要注意以下几点：

1. 操作环境，最好在超净台或无菌环境操作。微生物测试片、即用型微生物检测板等由于与空气接触面积小（加样口直径约 2mm）接触时间短（加样时），对操作环境要求相对较低，在相对干净通风的台面也可进行操作。

2. 样品处理，按说明书要求取相应量处理。

3. 判定结果，若测试片的菌落长得过于密集或过于稀疏，则需要在前处理中将样品稀释不同梯度。

4. 若测出阳性结果，特别是致病菌，需要对产品进行及时地后续处理如高温高压，以避免对环境造成污染。

**问题二十：如何保证快检结果准确可靠？**

**答：**要保证快检结果的准确可靠离不开以下几点：

1. 对拟使用的快检方法进行验证评价。《食品安全法》规定食品药品监督管理部门可以采用国家规定的快速检测方法对食品及食用农产品进行抽查检测。首先选择行业权威部门验证评价通过的快检方法，若不能满足的前提下，也应规范方法的选择程序，对选用的快检方法采用同行公认的评价、确认方法进行评审，以保证所选用的快检方法能满足实际需求。

2. 按要求采购。影响快检质量的采购供给可包括：快检工作中所使用的测试设备、辅助设备和测量器具；快检工作中所使用的试剂盒、试剂条等；快检工作中所使用其他外部协作供给，要对关键性的耗材进行符合性验收，同时对供给服务商进行选择和评估。

3. 采取必要的质量控制方式。如人员比对、不同仪器和方法的对照、质控样品的分析等。

4. 加强日常使用维护监督。快检试剂及仪器不能一购终身用，作为一种工业产品，自身的性能和外界环境可能会对其产生一定影响，使用过程和日常储存中必须对其进行一定保养维护，以保持其性能状态良好。

# 第二节　执法环节常见问题

**问题一：新颁布的《食品安全法》是如何确定快检法律地位的？**

**答：**《食品安全法》从法律层面上充分认可了在食品安全执法中采取快速检测方式进行抽查检测，对快速检测的法律地位做出了明确规定。《食品安全法》第一百一十二条规定：县级以上人民政府食品药品监督管理部门在食品监督管理工作中可以采用国家规定的快速检测方法对食品进行抽查检测。该条文明确了快检在食品安全检测中的初筛作用。第八十八条规定：采用国家规定的快速检测方法对食用农产品进行抽查检测，被抽查人对检测结果有异议的，可以自收到检测结果时起四小时内申请复检。复检不得采用快速检测方法。该条文明确了在被抽查人无异议的情况下快检可以作为食用农产品安全的执法依据。在被抽查人有异议的情况下，需经过复检确定。

**问题二：实际监管中哪些情况可使用快检方法进行检测？**

**答：**快速检测是加强食品日常监管的重要措施。在食品安全监管工作中，利用快速检测方法对可疑食品进行快检或初步筛查，可以极大地提高监督效率和执法科学性。在实际监管中，以下几种情况可以使用快检

方法:

1. 大量样品的初步筛查可使用快检,提高检测效率及覆盖率;

2. 时效性要求高的样品检测,如食用农产品、现场制售或散装食品;

3. 食品安全事故应急处置,如急性中毒等;

4. 检测环境条件及人员专业水平有限的执法单位;

5. 针对管辖区域所进行的专项整治或突击检查;

6. 食品企业、农副产品批发市场、生产基地、农贸市场等场所的质控;

7. 对重大活动进行的食品安全保障。

**问题三:在执法监督中如何提高快速检验的使用率?**

**答**:在有限的检测经费和检测条件下,开展现场快速检测工作,利用快检的时效性和靶向性,运用现场快检技术手段震慑监管相对人,树立监管权威,防控食品安全风险。为最大限度地发挥快检的技术威力,提高快速检验的使用率,需要做到:合理制定食品抽样计划,科学编制食品抽样检测方案;在监督抽检和风险监测中,加大快检数量,提高覆盖率和监管效率;在日常监管中,全面运用快检技术,及时发现可疑问题并迅速采取相应措施。

**问题四:快检产品可提供的厂家很多,价格也参差不齐,国家是否有相关认可和认定?**

**答**:快检行业确实存在快检产品及企业实力参差不齐的情况。《食品安全法》对快检技术和产品有"国家规定"的描述,国家食品药品监督管理总局正在组织制定《食品快速检测方法评价管理办法》,以该办法为依据从国家至地方不同层面组织对快检产品和相关企业进行评价认定。相信随着《食品安全法》和《食品快速检测方法评价管理办法》的实施,快检行业将回归到"技术、质量、服务"大比拼的良性竞争发展轨道。

**问题五：如何保证快检的检测数据真实上报，不会被修改？**

答：为了保证快检结果得到真实上报，需要采取以下几点举措：

1. 消除基层执法人员发现问题反而承担责任的后顾之忧。目前多数地区针对执法人员的考核指标同时要求合格率与发现问题率，所以检测人员面临的一个尴尬处境是"既要发现问题又怕出问题"。检测出不安全食品究竟是"成绩"还是"工作不得力"？这需要科学的政绩观予以厘清。

2. 对于检测出的不合格食品如何处理要制定明确、可执行的细则，避免基层执法人员对于检出不合格食品不知如何处理的困惑。

3. 用互联网技术确保检测数据直接上传监管系统，减少人为干预环节，保证检测数据的真实性。

**问题六：如何充分利用快检数据？**

答：利用快检数据构建网络系统，搭建高集成度的信息化平台，对实现更高效率的快检工作具有重要意义。为充分利用快检数据，可从以下几个方面入手：

1. 整合数据系统，利用先进信息技术，实时上传并汇总分析快检数据。

2. 智能化数据系统，实现对检测任务自动下达接收、结果数据实时汇总分析和自动对接监管部门数据库，以及政府、检验机构、企业自检体系检验数据共享和实时动态分析。

3. 高效性数据系统，针对筛查出的问题食品，通过网络快速预警并在网络内集中开展进一步筛查，为监管部门提供决策依据，增强快检工作的目的性。此外，针对某些食品类别中趋势性、潜在性风险，及时在监管部门、检验机构、企业之间互通互报，有效提高风险发现和控制工作效率。

**问题七：基层执法人员数量少，缺少专业基础，如何提高执法效率？**

答：基层执法人员缺乏专业基础知识是目前快速检测面临的主要问题之一。为提高基层执法人员执法效率，可采取以下几项措施：

1.丰富技术培训手段，帮助相关工作人员快速并准确地掌握快检所需知识。

2.推广应用现场移动快检和移动执法终端模式，让任务下达与追踪管理、现场法律法规查询、被查对象资料查询、现场检测、拍照、文书打印、执法审批等现场化、网络化，可极大地提高基层执法人员的工作效率和对执法队伍的有效管理。

3.购买快检外包服务，让有资质的企业承担任务繁重且有专业性要求的快检抽样、检测任务。

# 第十章　快检服务外包模式的研究与探讨

　　服务外包是指企业或政府通过购买第三方提供的服务来完成原来由企业或政府内部部门完成的工作。

　　快检是食品安全领域相对于常规检测方法具有操作简便、检测时间短、检测及设备成本低等特点的食品安全检测技术及相关产品。中国的食品安全形势具有整体形势严峻、分布广泛、零散而又总量巨大的特点，因此快检在中国的食品安全监管具有重要的抽检、筛选及初步执法的意义。

　　快检服务外包是指政府监管部门或企业委托具有食品快速检测能力的第三方机构，按照协议的费用完成指定地点、指定品种、指定抽检频次、指定工作总量等的快检检测工作。

　　本章主要阐述和探讨食品安全的"快检服务外包"模式，供有关政府部门、企业参考。

## 第一节　快检服务外包的社会环境

　　在我国的食品安全形势下，快检具有不可或缺的技术支撑作用。基础执法单位的抽检、筛选和食用农产品的初步执法离不开快检，企业自检也离不开快检。因此新《食品安全法》及其《实施条例》《食用农产品市场销售质量安全监督管理办法》等对快检都做了明确的定义和定位。

　　但是快检技术虽然具有操作简便、成本低廉等特点，对于政府和企业在自行完成各项检测工作方面仍然会面临各种各样的困难，快检服务外包也因此成为政府监管部门执法和企业自检的可选方式之一。

《实施条例》第十二条：卫生行政、食品药品监督管理、质量监督、农业行政等部门应当充分利用具有相应能力的技术机构以及社会第三方技术机构开展食品安全风险监测工作。第四十二条：食品生产经营者应当自行或者委托第三方专业机构或者专业人员对本单位的食品安全状况进行检查评价。

新《食品安全法》第六十四条：食用农产品批发市场应当配备检验设备和检验人员或委托符合本法的食品检验机构，对进入该批发市场销售的食用农产品进行抽样检测；发现不符合食品安全标准的，应当要求销售者立即停止销售，并向食品药品监督管理部门报告。

快检外包服务已经从潜在的市场需求，提升为法律许可、政府鼓励的食品安全检测管理的重要手段之一。

政府的快检外包模式在深圳、广州、天津等地区都有成功运行案例，企业快检业务外包的案例更多。

# 第二节　选择快检服务外包的现实意义

机构改革完成后的食品药品监督管理部门或市场监督管理部门，虽然有来自工商、质监、卫生等部门的人员叠加，从总体人数上有了较大增长，但由于原职能并没有减少，食品安全监管工作所需的人员随着监管力度的加大仍然处于严重匮乏状况。在全国食品药品监管系统中，各地执法人员的配备数平均为每十万人配备 15 人，与执法人员履行职责、监管任务极不匹配。

快检虽然对检测人员的学历、专业没有太高要求，但还是要求操作者具备一定的专业知识和操作规范。各地食药部门的执法人员由于来源不一，年龄、学习基础还是存在不同的档次，不一定都能满足快检技术的要求。

快检服务外包能很好地解决执法人员编制和专业素质不足的问题，政府部门也把自己的角色从"运动员"转换成"裁判员"，把更多的精力用于当地食品安全状况的评估、规划，并监督第三方机构的执行情况。这正好与中央提倡的政府职能转变的思路相吻合。

快检服务外包还可以让财政资金的利用率更高，第三方机构的企业式高效管理使得检测过程所涉及的人力、耗材、交通、通信、设备折旧等的成本大大降。

对于企业，采用快检服务外包模式，同样解决了其自建快检室投入不合理、人员缺乏、管理不到位的困难，让企业用有限的资金在第三方机构那里发挥更专业更高效的作用。现代企业更关注于自身的核心竞争力，非其所长的业务外包已成为流行的方式，快检服务外包模式是更容易被企业的食品安全检验模式。

## 第三节　如何选择快检第三方机构

快检外包服务同社会上常见的传统第三方检测服务是有区别的，传统第三方检测服务行业相对比较规范，企业的资质认定有国际标准和国内标准。但传统第三方检测服务机构并不一定能做好快检服务外包工作，因为快检方法同常规检测方法对比有着不同的特点。有资质的第三方检测人员未必熟悉快检技术，并且快检服务外包对于抽检的范围、时间、抽样方式、阳性品处理等都有不同的特点，一般第三方检测机构所不一定能适应这样的要求。因此如何选择合适的快检第三方机构，需特别注意几点。

（1）第三方机构对快检的了解程度。快检技术是属于中国食品安全监管环境下诞生的一系列本土技术，与国际通行的常规检测技术相比有很多不同的特点。不了解快检，就不一定能选择正确的快检技术及产品来应对发包商的检测要求；而操作快检虽然专业性要求比常规检测技术要低，但缺乏操作快检技术的经验依然会对检测结果造成负面影响；快检检测有一定比例会要求现场检测，并将结果上传监管网络，这使得快检的抽样管理也有着不同于一般第三方检测的特点。

（2）具备规范的实验室管理经验。快检的专业性程度虽然比常规检测要低，但对于从抽样到样品处理、从检测到结果处理、从报表档案到检测设备、试剂管理，从人员的技术到服务素质的培训都有着一系列专业的要求。只有具有良好实验室管理体系的第三方机构，才能有效实施、完成监管部门或企业委托的外包服务任务。

（3）关于快检人员的操作上岗资质。快检技术有着同常规检测技术不同的特点，并且随着社会上食品安全事件的发生和科技的发展，随时会有新的检测项目、新的快检技术诞生。快检人员经过专业的上岗培训对保障发包商的检测任务非常关键。也是体现快检第三方机构的专业性之所在。需要注意的是传统第三方检测机构的检测人员的从业资质并不能代替快检的上岗资质。

（4）第三方机构的信誉。快检是食品安全监管和企业自检的技术支撑，但从快检技术诞生起就一直存在基层执法人员或企业自检人员是否真实实施抽检、是否上报真实的检测结果的问题。这类问题的存在有着政府行政考核制度不合理、市场恶性竞争等复杂原因。但作为承接快检外包服务的第三方机构必须本着社会责任和企业责任对发包方负责、对科学负责、对社会负责。

（5）本地化服务。"快"是快检的特色，快检不可能像有些法检项目可以等到几天后出结果。所以快检第三方机构能提供本地化服务是一个重要条件。

由以上五点选择要点可以看到，在目前的状况下选择合适的快检第三方机构并不容易。这是由于快检在中国也就是近十年才得到比较快速的发展，快检外包更是新生事物。所以同时满足以上条件的快检第三方机构确实不多。因此我们为快检服务发包方提供的更具体的选择建议是：

a. 具有快检技术研发实力同时具有承接快检检测业务经历的企业。

b. 具备第三方检测资质同时又具有承接快检业务经历的企业。

c. 企业规模较大，在快检行业或第三方检测行业拥有良好信誉和口碑。

d. 已有成功的快检外包业务案例。

# 第四节　快检外包服务的模式

目前在社会上已出现一些不同类型的快检外包模式。

## 一、针对政府各级监管部门

### （一）快检整体外包模式

监管部门将对监管对象的快检抽检工作整体外包给快检第三方机构完成，第三方机构须完成：到指定被监管对象抽样、检测、通知被监管对象检测结果、对于阳性品要求被监管对象下架及销毁、上报检测结果及被监管对象的配合情况。而监管部门只需做好对外包服务商的工作监督和意外情况的处理。

### （二）监管工作整体外包

监管部门将常态化的巡查检测工作整体外包给第三方机构，检查项目除抽样快速检测外还涉及：许可、成品管理、散装食品管理、食品贮藏以及销售环境情况四大类，包含食品标签、过期食品、食品违法添加、健康证佩戴、食品摆放、储存环境等 13 项内容。这种模式下监管部门彻底从

"运动员"的身份转为"裁判员",有限的人力完全用于对外包商的选择、对整个监管工作的评估和规划以及对突发意外情况的处理。

### （三）送检外包模式

监管部门安排执法人员抽样，再集中交由快检第三方机构完成快速检测并出具检测报告。这种模式能有效解决服务商直接抽样而被抽检对象不理解、不配合等的问题。

### （四）快检室外包模式

监管部门自建有快检室，但由于人手有限及人员专业性不足，委托快检第三方机构上门提供服务，承接快检室的检测任务和运营管理。

## 二、针对企业（生产、流通、餐饮等领域）

### （一）快检室外包模式

企业自建快检室，委托给第三方机构承接检测任务和运营管理。此种模式解决了企业自聘检测人员专业性不够、工作量不足的问题，也避免了对实验室管理的麻烦。快检室外包模式的进一步延伸，还可承接周边其他企业的快检业务，不仅解决企业自身的快检需求，还可为企业和快检服务商共同赢得额外的利润。

### （二）整体外包模式

将每年的检测任务整体外包给快检第三方机构，第三方机构具体落实抽样、检测、上交检测报告等工作。

### （三）送检模式

企业根据季节、经营品种的变化、监管部门的要求，自己采样送交快检第三方机构进行检测，并取得检验报告。

# 第五节　案例分享

## 一、广州某区食药监管部门

关于快检年预算大约 40 万，全年监管任务量要达到 4000 份次，要求覆盖全区域的所有流通领域的各企业、网点达数百家，涉及的产品品种达几十种。部门人员十多人，于 2015 年初选择了某快检第三方机构外包快检服务。

通过半年多实施，该部门认为快检外包任务的完成情况符合预期，而该部门得以集中精力落实其他工作任务，使得整体监管工作水平得到有力提升。后期准备扩大快检服务外包的规模。

参考抽检计划如下：

表 10-1　快速检测技术参考抽检计划表

| 抽检品种 | 抽检份次 | 抽检量 g/ 份 | 检测项目 |
|---|---|---|---|
| 蔬菜水果 | 1850 | 250 | 农药残留、重金属铅、重金属镉 |
| 肉及肉制品 | 360 | 250 | 肉类水分（注水肉）、瘦肉精（盐酸克伦特罗、莱克多巴胺、沙丁胺醇）、亚硝酸盐、硼砂 |
| 豆制品、面粉制品 | 250 | 100 | 吊白块 |
| 林产品（汤料） | 500 | 100 | 二氧化硫 |
| 水产品 | 140 | 100 | 甲醛、氯霉素 |
| 水发产品 | 310 | 250g | 工业碱、甲醛 |
| 休闲食品 | 140 | 250 | 二氧化硫、过氧化氢 |
| 调味料 | 125 | 100-250 | 罂粟壳、食醋总酸、食醋中游离矿酸、酱油总酸、酱油氨基酸态氮、罗丹明 B、苏丹红 |
| 食用油 | 110 | 100g | 酸价、过氧化值、黄曲霉毒素 $B_1$（花生油） |
| 大米 | 115 | 200g | 大米新鲜度、黄曲霉毒素 $B_1$、铅、镉、汞、砷 |
| 小计 | 4000 | | |

## 二、天津新区食品药品监管部门

天津新区食品药品监管部门承担着辖区 2270 平方公里，19 个街镇、278 万人口，近 2 万家食品药品相关企业的监管工作。而 2014 年原新区食品药品监管系统执法人员仅有 92 人。凭自身的人员和软硬件条件很难完成食品安全的监管工作。

2014 年新区监管部门以政府购买社会服务的方式委托第三方机构监管，尝试以新区核心区域食品流通环节为重点，开展为期 4 个月的常态化食品安全巡查检测试点工作。期间共发现不同程度的问题 1438 件，开展食品快检 20 批次，发现不合格 3 批次，根据报告情况区食品监管部门陆续转交辖区执法部门进行有针对性的靶向执法和整治。

通过 4 个月的第三方监管实际运行，取得了阶段性成效。今年上半年为了更加客观的评价第三方监管的科学性和有效性，特聘请了由国家行政学院和清华大学公共管理学院的专家学者组成的课题组对第三方监管进行了整体的评估，并得到了课题组的充分肯定。

## 三、广州科学城某高新企业

员工有上万人，建有 2 个食堂供全体员工餐食，为避免出现食品安全重大事故，该企业领导决定定期检测食材的品质。由于食材种类多，企业自建实验室面临投资较大、设备使用率不高及人员配备等问题。最终就近选择将检测外包与就近的快检第三方机构。

通过一段时间对不同类型食材的检测，发现了一些食材安全隐患：熟食的细菌超标、部分果蔬的农残超标、个别调味品的酸败等等，该企业及时改善食堂采购管理，改进食堂储存环境，把食品安全隐患消弭于无形。

# 第十一章　信息技术在食品监管中的应用

随着现代网络技术的快速发展，"互联网""移动互联网""物联网""大数据""云计算"等先进信息技术，正迅速推广应用到各行各业的业务管理中。基于"互联网+"思维，为业务管理工作提供先进信息技术手段，降低工作人员劳动强度及业务成本，提高工作效率和质量，实现业务管理信息化及智能化，极大提升业务管理水平。

目前，食品安全已成为全社会关注的热点问题，利用信息化手段快速高效管理食品安全信息已成为必然趋势。

## 第一节　信息化建设必要性

根据国家统一规划及要求，各级相关监管部门非常重视食品安全监管工作，为了深入开展食品安全监管，将逐步建立起覆盖食品生产及流通关键环节质量安全检测监管体系。

一方面，食品尤其是食用农产品"从农田到餐桌"，要经过生产、加工、贮藏、运输、销售等诸多环节，形成"点多、线长、面广、错综交叉"的供应链特征。在如此长的产业链条中，每一个环节都有被污染的可能性，因此没有先进的信息管理手段和方便的信息共享途径，要想实现"从农田到餐桌"的食品安全生产和监控是不可能的。

另一方面，食品安全管理的数据量大、环节复杂，没有先进的信息管理技术，就难以实现数据的快速分析与整理，难以为企业决策层提供技术支持，信息化技术不仅能做到食品的全程跟踪与追踪，而且还能做到食品安全的主动管理和监控，所以信息化技术是食品企业食品安全管理的有力保障。

食品安全检测监管信息化以及移动执法信息化是形势所迫、工作所需。通过仪器检测数据自动采集处理、食品来源等数据的信息化管理、建立一个食品安全检测监管数据库应用系统，并结合统计分析软件系统，可以提供及时有效的检测、溯源信息大数据，供监管部门共享利用，充分发挥食品安全检测仪器装备及溯源体系的优势。运用现代信息技术，实现现场移动执法、信息共享、动态管理，从根本上改变原有的工作方式和监管手段，形成监管部门和被监管对象之间的良性互动，使监管工作由静态管理向动态管理转变，由粗放管理向精细管理转变。

# 第二节　软件系统功能介绍

食品安全检测监管软件系统对食品安全溯源信息、检测数据以及现场监管执法数据进行采集汇总，按统一规范标准存储到数据中心，基于大数据原理对数据中心的相关数据进行处理，实现各类食品安全评估所需统计分析及风险预警，进行问题食品安全追溯，为食品安全监管提供决策支持。

食品安全基层检测机构，如基层检测中心、检测车、检测室等，特别是食品批发市场的检测中心，在食品安全监管中发挥重要作用。为了满足基层检测机构及现场执法监管的切实需求，整个食品安全检测监管软件系统由食品安全管理工作站系统、移动执法终端（手机 APP）视频监控系统、食品安全监管平台几大子系统组成，既方便基层检测机构和执法人员的检测管理及现场移动执法监管，又方便各级政府职能部门宏观监管。同时，方便消费者对食品来源、安全检测等信息的查询认证溯源。

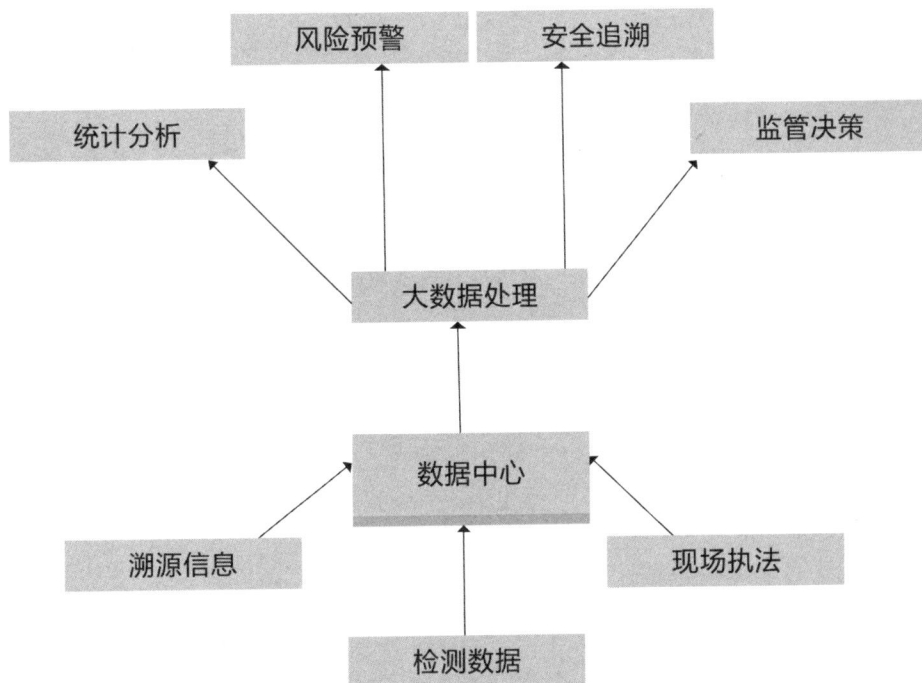

图 11-1　软件系统功能规划

　　监管软件系统基于模块化原则设计，通过软件模块配置，适用于农业部门和食药监部门按监管职责范围对食品安全进行信息化监管。在检测相关通用模块基础上，农业部门可选择配置种植 / 养殖"生产档案管理"相关模块，以便实现完整的食品农产品种植 / 养殖生产信息监管及溯源；而食药监部门则可选择配置食品"进货 / 销售台账管理"相关模块，实现对食品流通信息的监管、溯源及召回。

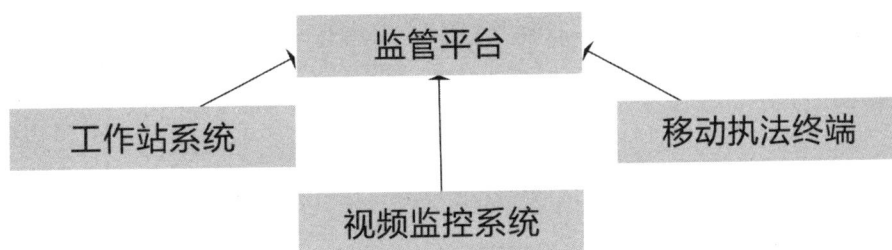

图 11-2　软件系统构成图

## 一、工作站系统

食品安全管理工作站系统安装在基层检测机构的检测中心、检测车、检测室等检测点的电脑上，同食品安全检测仪器相连自动实时采集仪器检测数据，自动汇总并网络及时上传到监管平台。同时，在工作站系统中还可选择食用食品生产档案管理（供农业部门使用）、进货和销售台账管理功能模块（供食药监部门使用）。

工作站系统的主要功能如下：

### （一）自动实时采集检测数据

可支持对食品安全检测仪器检测数据自动实时采集和关联处理存储。

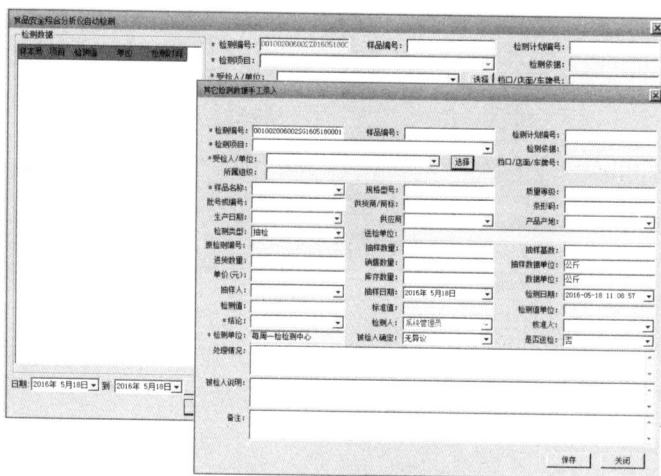

图 11-3　检测数据采集界面

### （二）手工录入检测数据

除了对检测仪器检测数据自动实时采集外，实现对其他检测手段检测数据灵活方便的手工录入。

### （三）检测数据综合查询

按可设定的丰富灵活查询条件，对所有检测数据记录进行综合查询和导出。

## （四）基础数据同步更新

管理工作站系统所需基础数据，包括检测标准、检测项目、食品种类、被检对象等，从监管平台同步下载更新。

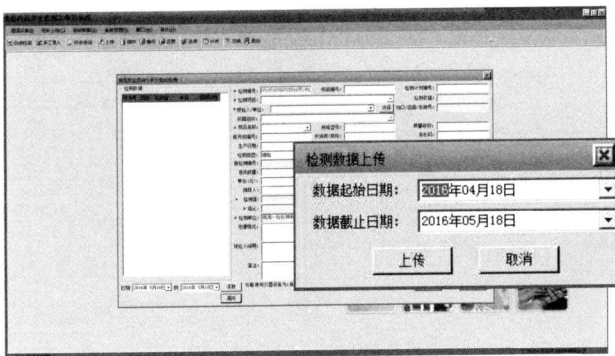

图 11-4　检测数据查询及上传界面

## （五）被检单位信息查询

对于从监管平台同步下载的基础数据中的被检单位，如种植/养殖生产基地、批发市场、农贸市场、超市、餐饮单位等，以及批发市场、农贸市场中经营户的信息，可进行查询浏览，方便查询定位关注的数据信息。

## （六）供应商信息维护

对食品供应商信息资料进行管理维护，可新增、删除、修改供应商资料，为检测记录提供供应商基础数据，以便实现对检测不合格的问题食品进行追溯。

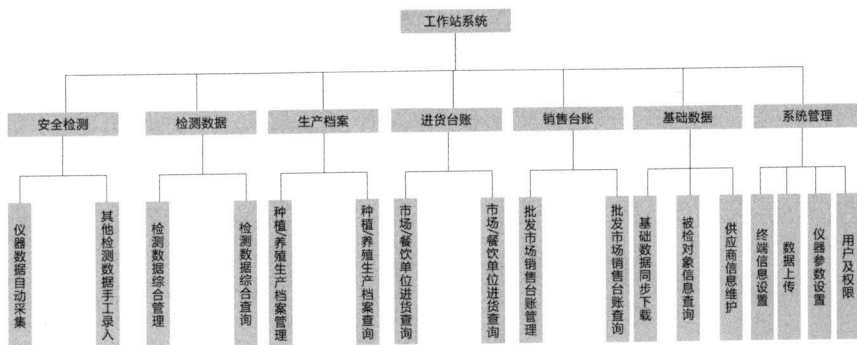

图 11-5　工作站系统功能模块

### （七）生产档案管理

对于种植/养殖生产基地等组织或企业，对食用农产品生产过程数据资料进行管理，实现对种植/养殖品种及时间、施肥/投料、施药/用药、投入品来源、采收/出栏时间及批次、质量安全检测/检验、准出、产品批号/条形码/二维码/耳标等数据资料的综合关联管理。

### （八）进货台账管理

供市场或餐饮单位对食品进货台账进行登记及查询。

### （九）销售台账管理

供市场对食品销售台账进行登记及查询。

### （十）检测数据上传

可设定时间范围条件，通过有线/无线网络，将检测数据、生产档案、进货及销售台账等数据及时上传到监管主系统。

### （十一）系统管理

实现仪器接口参数设置，监管平台网络连接参数等设置功能；实现用户及权限管理，用户只有通过密码验证才能登录系统，操作使用被授权功能；确保系统应用安全性。

## 二、移动执法终端（手机APP）

根据国内食品安全移动执法监管需求，利用现代移动互联网技术，设计开发食品安全监管手机客户端软件APP，安装在专用智能手机或平板电脑上构成"移动执法终端"，食品基层检测及监管人员使用该终端，可随时随地进行现场抽检管理、监管对象查询、样品种类查询、检测标准查询、检测项目查询、送检管理、检测数据查询、政策法规查询、执法文书生成及打印、现场照相取证、工作日志管理、接收和发布通知通告等。为基层食品安全检测监管移动执法提供先进信息技术手段。

图 11-6　移动执法终端主界面

移动执法终端的主要功能如下：

## （一）监管对象查询

对所管辖的各类监管对象，按类别、名称等方式进行灵活方便查询，并可结合 GIS 电子地图，随时随地快速查询掌握监管对象的详细资料信息。

图 11-7　监管对象查询

图 11-8　监管对象分布地图

## （二）食品种类查询

现场监管人员可随时随地快速查询掌握食品种类信息，并且查看食品关联的检测项目，以便明确开展相关检测。

## （三）检测项目查询

现场监管人员可随时随地快速查询掌握检测项目信息，并能查询检测项目关联的食品种类，以便明确开展相关检测。

## （四）自动实时采集检测数据

执法终端支持对食品检测仪器检测数据自动实时采集和关联处理存储。

## （五）手工录入检测数据

执法终端除了对检测仪器检测数据自动实时采集外，实现对其他检测手段检测数据灵活方便的手工录入。

## （六）检测数据综合查询

按可设定的丰富灵活查询条件，对所有检测数据记录进行综合查询。

图 11-9　检测数据界面　　　　图 11-10　快检数据界面

### （七）检测数据上传

可设定条件，通过无线网络将检测数据及时上传到监管平台。

### （八）政策法规查询

现场监管人员可随时随地快速查询掌握发布的政策法规文件和资料。

### （九）送检管理

现场监管人员可随时随地对快检不合格或者直接抽样的样品进行送检信息现场登记管理。

### （十）照相取证

监管人员监管过程中，发现有违法行为或者违禁物品等，可以现场拍照、录像取证。

### （十一）执法文书

监管人员在现场执法时，基于执法文书模板，可快速生成并现场打印执法文书，方便现场执法。

### （十二）工作日志

执法人员可对当天工作情况、第二天工作计划进行统一记录管理。

### （十三）通知汇报

现场监管人员可随时随地接收查看上级发送的通知；向上级进行情况汇报，对监管对象群发通知。

## 三、视频监控系统

监管软件系统可关联整合实施视频监控子系统。根据监管部门实际需要，在一些重要监管场所（如种植 / 养殖场、批发市场、餐饮单位以及基层检测点）安装一个或多个摄像头，在监管场所可配置监控主机，实现对摄像头视频的本地录像及监控；摄像头视频还可通过网络专线 / 有线宽带

/3G/4G 无线网等与监管平台服务器连接，实现各摄像头实时视频远程传输，并在服务器中录像存储历史视频和照片。

在监控场所可配置显示屏，连接本地监控主机，显示各摄像头实时视频，方便企业单位自行监管，也可供消费者及公众参观监督。在监管部门总部可设置大型电视墙，并与监管平台连接，在监管平台中将被监管单位信息与各监控主机或摄像头信息关联，实现监管平台和视频监控系统的关联整合，构建食品安全监控中心；特别对于食品安全突发性异常事件，高层监管人员在监控中心可通过远程实时视频、录像回放等，实现联动报警、监管策略制定、应急指挥等应用。

各级监管人员在日常监管中，利用电脑终端、移动执法终端（APP）连接监管平台，通过功能授权可调取辖区范围内监管对象的监控视频及录像。根据监管需要，视频监控功能也可以向消费者及公众开放，消费者及公众使用电脑、智能手机、平板电脑等共享访问监管平台，可查看企业单位的实时视频，参与监督。

监管软件通过整合视频监控子系统，对监管对象形成又一个持续威慑力。

## 四、监管平台

食品安全监管平台安装部署在监管机构总部，系统通过网络收集汇总各级监测机构，各食用农产品种植／养殖基地、批发市场、农贸市场、超市、餐饮单位等终端的工作站系统和移动执法终端上传的各类检测记录、溯源信息等数据，基于大数据原理，利用数据挖掘方法进行各种关联查询统计分析；系统利用现代网络信息化技术手段，使各级主管部门监管人员及时掌握各地食品安全情况，进行科学监管决策和督促指导。

同时，监管平台可供消费者及公众访问，对食品来源、生产档案、安全检测等数据信息进行查询认证溯源，参与食品安全监督。

监管平台的主要功能如下：

## （一）被检单位管理

对种植／养殖生产基地、批发市场、农贸市场、超市、餐饮单位等被监管对象的基本资料信息进行集中管理维护，供各工作站系统同步下载共享利用。

## （二）检测数据明细查询

接收汇总各级监测机构，种植／养殖生产基地、批发市场、农贸市场、超市、餐饮单位等的终端工作站系统和移动执法终端上传的所有检测记录及溯源信息等数据，按统一标准集中存储到监管平台数据库中，实现对所有检测及溯源明细数据的灵活方便快捷查询。

## （三）每日"不合格"报警

为各级监管人员醒目报警每日不合格检测，方便及时跟踪处理。

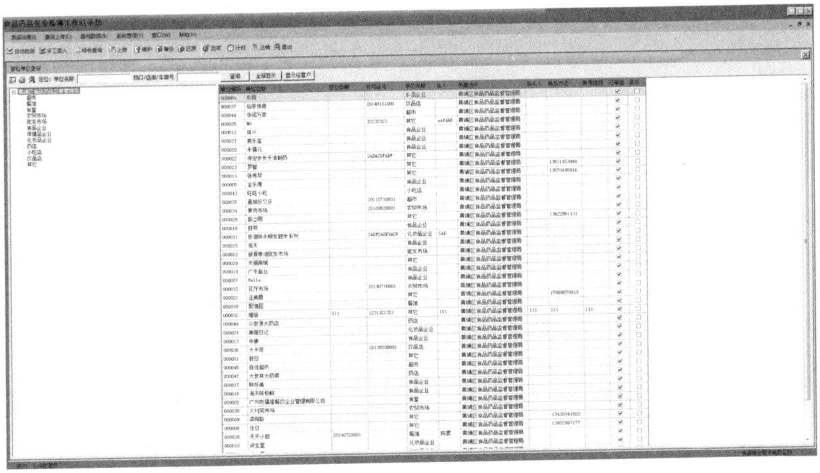

图 11-11　监管平台主界面

## （四）检测统计报表

对相关检测记录等数据进行各种统计分析，以多种图表方式直观展示，方面决策。

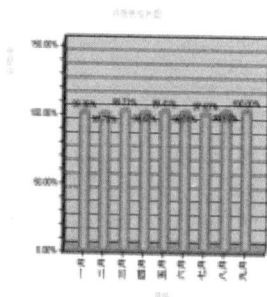

图 11-12　检测统计柱状图

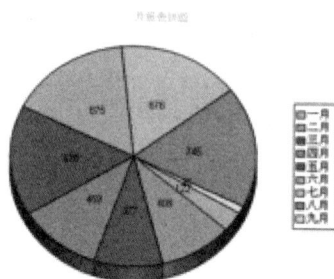

图 11-13　检测统计饼图

## （五）食品安全预警

对合格率低的食品、抽检数不够的监测机构、企业等被监管对象进行预警。

## （六）检测质量控制

分析各区域检测执行情况，供主管部门监督管理各监测机构和企业自检工作。

## （七）检测走势分析

分析不同时期食品安全动态走势，反映地区食品总体质量变化情况。

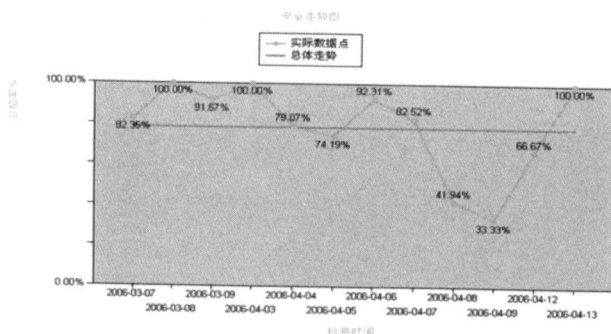

图 11-14　安全走势图

## （八）进货及销售台账查询

供监管人员使用，对市场、餐饮单位的食品进货台账进行灵活查询监管，以便进行食品来源追溯；对市场销售台账进行灵活查询监管，以便进行问题食品召回（主要供食药监部门使用）。

### （九）食品安全追溯

对检测不合格食品，执行食品安全追溯；追溯检测明细记录，追溯食品来源，可从市场经营户追溯到供应商、产地、生产基地等。消费者及公众通过产品批号、溯源码，也可对食品来源、种植/养殖生产档案、质量安全检测等数据信息进行查询认证溯源（主要供农业部门使用）。

### （十）视频监控

可在餐饮单位、市场、种植/养殖基地等监管对象现场重要区域安装摄像头，在监管平台中远程连接整合各摄像头的实时视频，实现对重要监管对象的远程实时视频监控。

### （十一）信息发布

发布食品安全相关通知公告、法律法规、工作动态、红黑榜、实用技术；还可实现在线投诉、交流园地等功能，方便消费者及公众、行业协会等一起参与食品安全监督。

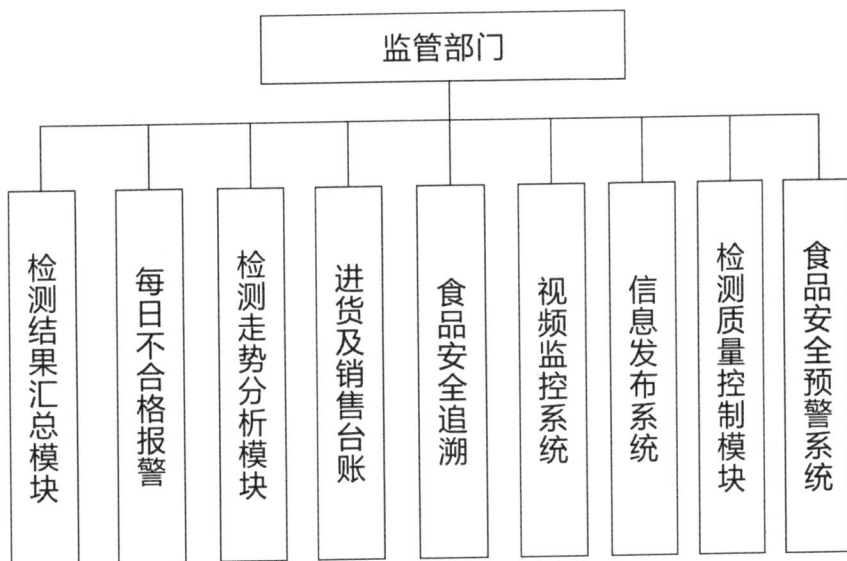

图 11-15　功能模块构成

### （十二）基础数据集中管理

对整个系统的基础数据进行集中管理维护，供各管理工作站系统同步下载更新，确保基础数据一致性。

### （十三）系统管理

各系统参数设置；建立及维护监管平台的所有用户及权限管理控制，确保系统应用安全性。

# 第三节　软件系统在快检过程中应用

食品安全检测监管软件系统与食品安全快速检测技术结合，形成食品快速检测及监管整体解决方案。工作站软件系统、移动执法终端与快检仪器连接，实现快检数据自动实时采集，同时实现对非仪器快检手段检测结果的手工录入。所有快检数据通过网络及时上传到监管平台；各级监管人员通过监管平台或移动执法终端，可及时获得快检明细数据、快检不合格报警以及各类统计分析信息，以便及时发现可疑问题食品，将问题食品的影响降低到最低。另外，基层快检及执法人员通过利用工作站系统、移动执法终端以及监管平台，可快速方便获得快检相关样品、检测项目及检测标准、法律法规等方面的关联信息，现场生成打印执法文书等，为快检业务及现场执法工作提供知识库及工具库。

## 一、软件系统快检应用总体结构

上述检测监管软件系统应用于快速检测及监管，可采用集中部署实施方案，构建地区食品安全监管信息云平台，整个监管软件系统由工作站系统、移动执法终端、视频监控系统、监管平台几大子系统构成。

以地市级地区为例，在市级集中安装部署监管信息平台及中心数据库，在全市各基层监测机构以及在各区县食用农产品种植/养殖生产基地、批发市场、农贸市场、超市、餐饮单位等的检测中心、检测车、检测室终端，安装工作站系统；对于各级监管机构监管执法人员，还可配备移动执法终端；将快检仪器与工作站系统或执法终端相连，将快检数据自动采集到工作站系统或执法终端的本地数据库中，实现自动实时或手工录入的快检数据采集存储。同时，通过工作站或执法终端软件系统的数据查询等功能，实现对快检数据方便快速的查询。这必将减轻手工数据录入及处理工作量，提高工作效率和质量。各种植/养殖生产基地、批发市场、超市、农贸市场、餐饮单位等企业终端，对本企业的食品安全进行企业自检管理，各级监测机构对所辖区域内相关企业的食品进行抽检和监管执法。

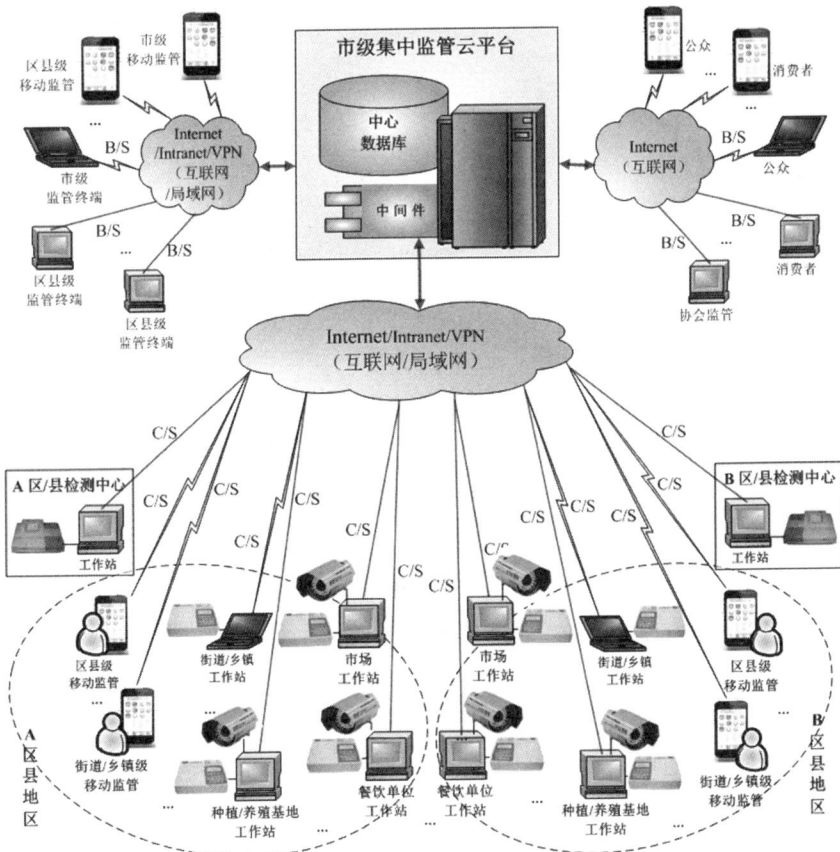

图 11-16　软件系统应用部署示意图

各基层检测点终端的快检记录等数据通过监管部门内网或互联网（Internet）传输到市局监管信息云平台中心数据库，使各级领导及监管人员通过办公电脑或移动执法终端能及时获得检测结果等信息，使各类数据信息能及时共享利用。同时，监管云平台通过对各工作站和执法终端上传的大量快检数据进行多角度、多层次、全方位的统计分析，为各级领导及监管人员进行食品安全监管溯源分析决策提供强有力的技术手段，实现食品安全检测监管信息化。

## 二、快检仪器与工作站系统的连接

工作站系统安装在各检测点的电脑上，检测点有电脑接口（串口或USB口）的快检仪器都可以同时与电脑连接（若接口不够，可增加"一拖多"接口设备），实现多台仪器同时检测的自动实时数据采集存储。工作站电脑同时与多个检测仪连接示意如下图：

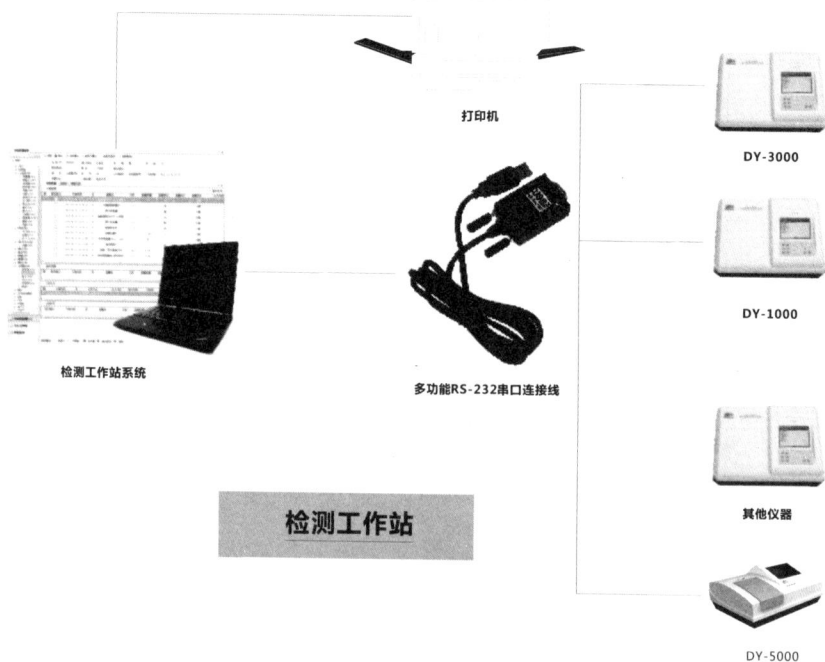

图 11-17　快检仪器与工作站系统连接示意图

## 三、软件系统快检应用操作流程

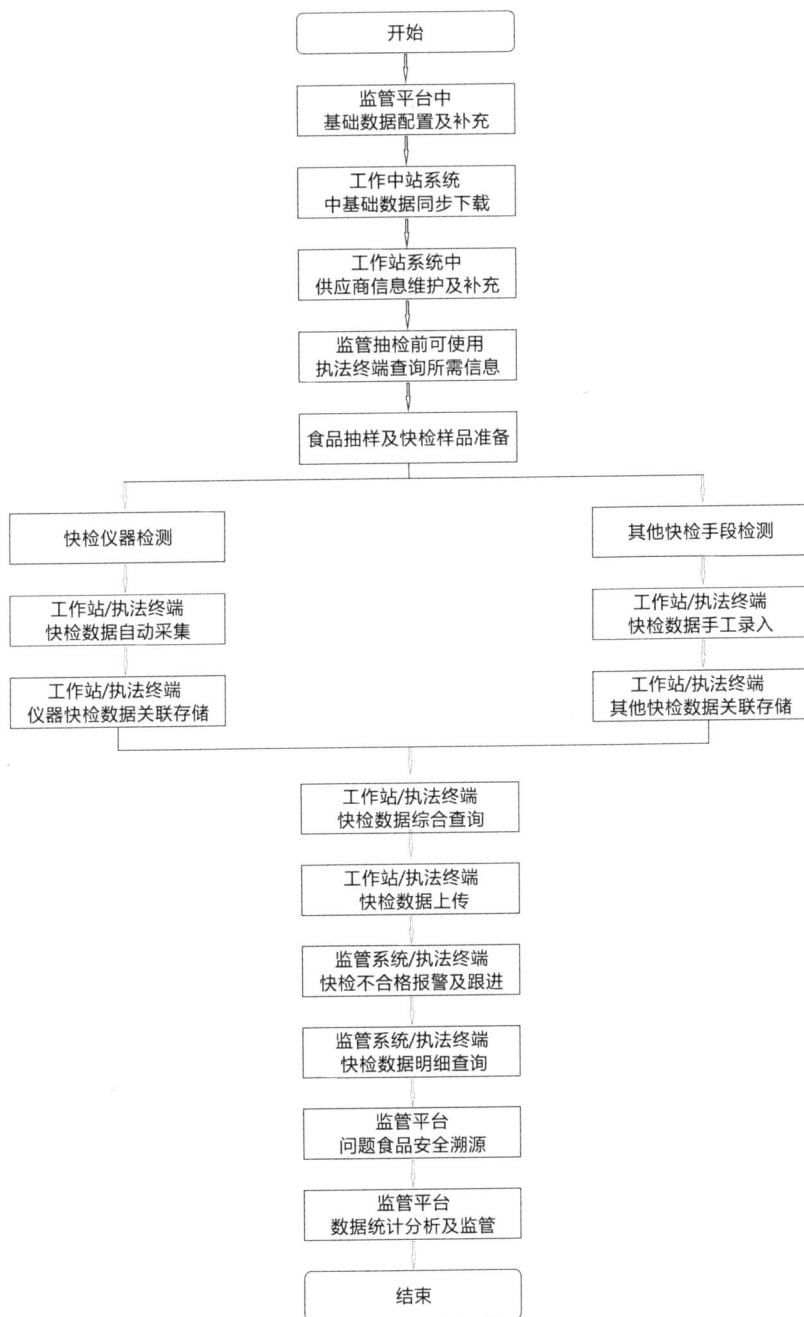

图 11-18  软件系统快检应用操作流程图

　　需要注意的是，在监管平台安装实施时，应先将整个系统的基础数据包括检测标准、检测项目、食品种类、监管对象（如种植／养殖生产基地、批发市场、超市、农贸市场及市场经营户、餐饮单位）等进行初始化配置录入，之后在工作站中同步下载这些基础数据。在日常快检过程中，如果发现缺少个别基础数据，操作人员可登录监管平台补充录入基础数据，在工作站中同步下载即可使用。

　　监管执法人员现场抽检前，可使用执法终端快速查询所需抽检食品及相关检测项目以及同类食品历史检测数据记录，进而决定抽检食品及检测项目。

　　如果用快检仪器进行检测，则可使用工作站或执法终端自动采集关联存储快检数据；如果用其他快检手段进行检测，则可使用工作站或执法终端手工录入关联存储快检数据。可以检测一组后就及时采集工录入快检数据，也可以用快检仪器或其他手段集中完成快检后，再集中采集或录入快检数据。

# 第四节　软件应用达到的效果

　　食品安全检测监管软件系统的建立，通过现代先进信息技术与检测仪器、摄像装置、移动执法终端等的有机结合，将监管部门与基层执法人员、被监管对象、检测数据等有机联系在一起。使得食品安全监管工作在各个环节都能够高效运转，极大提升食品安全监管的力度。

## 一、监管效率得到提高

　　增强管理层与基层监管执法人员的互动，提升监管部门内部的管理效率，改进监管部门的专业形象，提升消费者对食品安全的信心。同时提升被监管企业的主体责任感，自觉增强食品安全的意识和措施。

## 二、规范监管执法行为

仪器检测数据自动实时上传，避免人为干扰，确保数据真实准确。移动执法终端推广应用，极大提高监管执法的工作效率，降低监管成本，有效避免人为降低执法标准、擅自修改检测报告等违规行为，确保食品安全监管工作的公平、公开、公正。

## 三、减少食品安全风险

对检测数据进行统计分析，有效形成食品安全的大数据，为食品安全的风险评估、决策提供依据。

## 四、监管信息共享

实现跨部门间的数据共享，节省社会资源，同时为决策提供了大量的数据基础。

图 4-1　甲醛检测管速测产品

强阳性　弱阳性　阴性

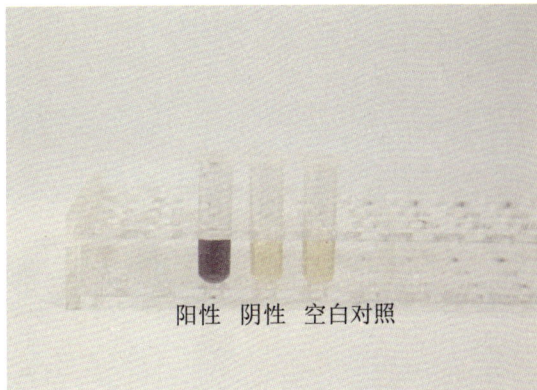

图 4-2　毒鼠强检测管速测产品

阳性　阴性　空白对照

| 酸价<br>（KOH）<br>mg/g | 0 | 0.3 | 1.0 | 2.0 | 3.0 | 5.0 |
|---|---|---|---|---|---|---|
| 色卡 | | | | | | |

图 4-3　食用油酸价快速检测试纸比色卡

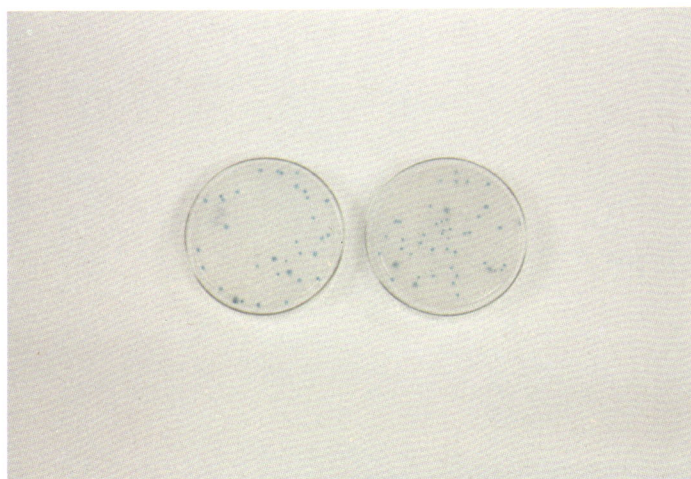

图 4-8　大肠菌群显色培养基

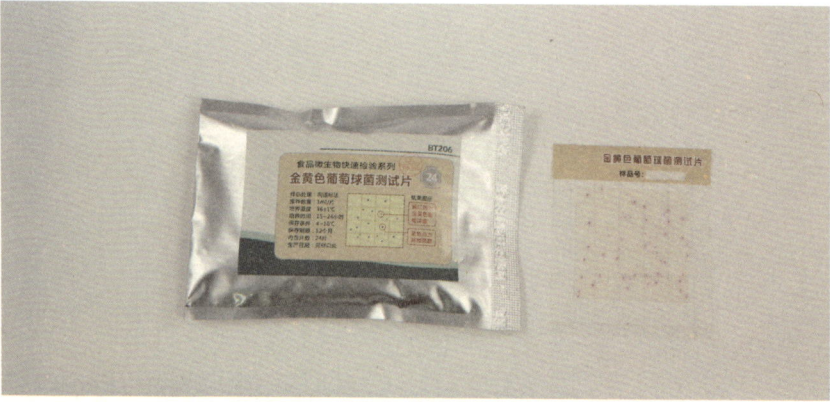

图 4-9    金黄色葡萄球菌测试片

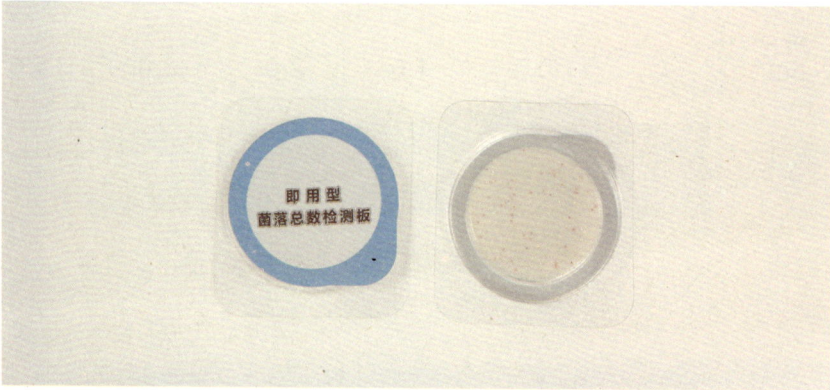

图 4-10    菌落总数检测板

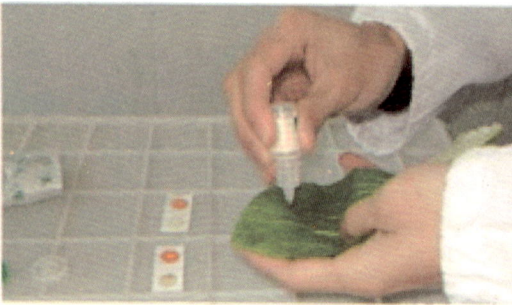

图 4-11    农药速测卡